JN162562

# Smart Grid Economics:
## The Evidence-based Policy Created through Field Experiments, Behavioral Economics, and Big Data

# スマートグリッド・エコノミクス

## フィールド実験・行動経済学・ビッグデータが拓くエビデンス政策

依田 高典・田中 誠・伊藤 公一朗 著

有斐閣

# はしがき

本書は，2011 年 3 月 11 日に発生した東日本大震災とその後の福島第一原子力発電所事故の後，2012 年から 2014 年までの 3 カ年にわたって，横浜市・豊田市・けいはんな学研都市・北九州市の 4 地域で実施されたスマートグリッドのフィールド実験の研究成果をわかりやすくまとめ，それに基づき，現在進行中の電力システム改革を展望するものである。思えば，著者の 3 人が 2010 年 3 月にアメリカのカリフォルニア州バークレーで集い，研究プロジェクトを思い立ってから，奇遇にも，経済産業省から同様の研究協力の申し入れがあり，東日本大震災に見舞われてからは，プロジェクトの社会的意義が大きく高まったこと等，数奇な運命があった。したがって，「スマートグリッド・エコノミクス・プロジェクト」は，われわれ 3 人の研究成果というよりは，多くの研究パートナーとの，一筋縄では行かない協力物語である。ここに記して感謝したい。

本書の研究の 3 本柱について，説明したい。第 1 の柱は，「フィールド実験」の運営である。フィールド実験は，「無作為比較対照法」という因果性を特定する方法を，人間の実際の生活の場で行う最強のツールである。フィールド実験は開発経済学の分野で先行して導入されたが，アメリカのカリフォルニア電力危機が起きた 2000 年以降は電力・エネルギーの分野でも積極的に活用されている。本書の研究のもとになった 4 地域のフィールド実験は，日本最初の大規模フィールド実験である。われわれは，経済産業省の経済アドバイザー・チームとして，4 地域の研究パートナーと協力して，フィールド実験の実験設計・経済分析・政策分析を担当した。日本の経済政策は，伝統的に，エビデンスを重視した経済評価が不十分なところがあった。今後は，フィールド実験を活用した「エビデンスに基づく政策」が求められる。本書はそうした新しい潮流の嚆矢となろう。

第2の柱は,「行動経済学」的知見の豊富な応用である。フィールド実験では,実際の生活の場で,生身の人間行動を直接的に観察するが,その行動は「不思議」に満ち満ちている。行動経済学でいうところの限定合理性から,必ずしも経済理論が予想するとおりの行動が観察されるとは限らない。われわれは,フィールド実験の中で,興味深い人間行動を心理学的仮説を用いて検証したり説明したりした。例を1つあげよう。われわれは,人間の公共心に基づく社会的行動がどの程度,ピーク時の節電行動の効果をもつのか計量経済学的に明らかにした。心理学によれば,人間の行動は,外部刺激に慣れて,その効果が落ちるという「馴化(じゅんか)」が知られている。しかし,ある程度,時間間隔を空けて刺激を与えると,再び効果が復活するという「脱馴化」も観察される。そして,刺激を取り除いた後も,刺激の効果が持続し,「習慣形成」が起こることも知られている。われわれは,人間の内的動機に訴えかける節電要請と外的動機に訴えかける経済的インセンティブをトリートメントとして用いて,以上の心理的性質がそれぞれのトリートメントに対して成り立つかどうかを分析する。

第3の柱は,「ビッグデータ」の利活用である。本書の研究で用いるデータは,実験協力世帯に設置されたスマートメーターの30分間の電力消費量(kWh)である。1世帯あたり1日48データが収集され,1年間でみれば,1万7520データとなる。横浜市のフィールド実験では,2000の世帯のデータが収集されたので,合計すると3504万データとなる。これだけのデータが,スマートメーターから無線で電力会社のサーバーに集められるわけだ。経済的インセンティブ等を用いて,ピーク時の節電行動を引き出すことを「デマンド・レスポンス」と呼ぶが,節電要請と時間別に価格が変動する「ダイナミック・プライシング」で行動を変容させることを「マニュアル(手動)・デマンド・レスポンス」と呼ぶことができよう。こうした知見の蓄積に基づいて,家庭の最適な節電行動を自動プログラム化することを「オート(自動)・デマンド・レスポンス」と呼ぶが,フィールド実験と並行して,そうした最先端技術の研究開発もあわせて進められた。

このように本書は，東日本大震災後の電力危機が顕在化した日本において，フィールド実験・行動経済学・ビッグデータを3本柱とした先端的な研究プロジェクトの成果である。本書の構成は，次のようになっている。第Ⅰ部「スマートグリッドとフィールド実験」では，第1章「スマートグリッドの経済学」と第2章「フィールド実験の経済学」が解説される。

第1章では，情報通信技術の革新を基礎に，電気をスマートにコントロールするスマートグリッドのパラダイムが解説される。その中心を担うのが，需要側が消費量を調整するデマンド・レスポンスの活用である。そして，時間や季節により柔軟に価格を変えるダイナミック・プライシングを用いた経済効率性の改善が説明される。

第2章では，フィールド実験のイロハについて説明する。まず，フィールド実験を始めたいと思う人のために，フィールド実験の重要なポイントをわかりやすく述べる。次に，フィールド実験が注目されるようになった歴史についてもかいつまんでまとめ，フィールド実験をいくつかに分類する。そして，スマートグリッドを例にとり，実際にフィールド実験を運用する際の注意点を述べる。

第Ⅱ部「電力消費のフィールド実験」では，第3章「価格の威力」，第4章「習慣化への挑戦」と第5章「現状維持の克服」が解説される。

第3章では，北九州市の事例が取り上げられ，2012年から2013年にわたって実施された4レベルに価格が変動するダイナミック・プライシングのピーク時の節電効果が検証される。ピーク時の価格を50円/kWhから150円/kWhまで変動させたとき，ピークカット効果は，価格レベルに応じて，9%から15%まで大きくなった。しかし，価格に対する反応は2年目には観察されなくなり，世帯はデマンド・レスポンスのイベントに反応はするが，価格差には反応しなくなることもわかった。

第4章では，けいはんな学研都市の事例が取り上げられ，2012年夏と冬に実施された内的動機に訴えかける節電要請と3レベルに価格が変動するダイナミック・プライシングのピーク時の節電効果が検証される。節電要請のピークカット効果は平均して3% 程度であり，最初の数回は効果があるものの，やがて効果がなくなる馴化がみられた。ダイナミック・プライシングの効果は平均して15〜20% 程度であり，シーズンを通じて効果が持続し，馴化はみられなかった。

第5章では，横浜市の事例が取り上げられ，2014年夏に実施されたダイナミック・プライシングへのオプトイン型加入と加入した者の条件付ピークカット効果が検証される。単なるオプトイン方式では，加入率は低いが，条件付ピークカット効果は高い。ダイナミック・プライシングにオプトインした場合の利得・損失を情報提供した場合，加入率は倍増したが，条件付ピークカット効果は半減した。結果として，トータルのピークカット効果はほぼ同じである。最後に，オプトインした場合にキャッシュ・インセンティブを与えた場合，加入率は3倍増し，条件付ピークカット効果もさほど逓減しなかったことから，トータルのピークカット効果は一番高かった。

第Ⅲ部「スマートグリッドの実装に向けて」では，第6章「デマンド・レスポンスの社会的効果と実装」と第7章「スマートグリッドの新展開」が解説される。

第6章では，エビデンスに基づく政策形成に資するべく，けいはんな学研都市での結果を用いて，節電要請とダイナミック・プライシングという2つのトリートメントでピークカットを行った場合，日本全体でどれだけの社会厚生が増加するかを試算した。さらに，電力システム改革の動向を解説しながら，電力小売自由化時代にデマンド・レスポンスがどのように社会実装されていくべきかを論じた。

第7章では，デマンド・レスポンスのネガワット取引，需要を束ねるアグリゲーターの登場，手動応答からオート・デマンド・レスポンスへの進化，系統運用へのデマンド・レスポンスの活用等，これからのスマートグリッドのさらなる発展について展望した。最後に，エビデンス重視の経済学の構築に向けたわれわれの思いを述べる。

本書の出版にあたっては，有斐閣の渡部一樹氏に担当いただいた。また，本書のフィールド実験は，経済産業省資源エネルギー庁新産業・社会システム推進室ならびに情報経済課の企画・運営のもと，一般社団法人新エネルギー導入促進協議会から受託した「次世代エネルギー社会システムにおけるデマンド・レスポンス経済効果調査事業」の研究成果である。あわせて，横浜市，東芝，パナソニック，東京電力，アクセンチュア，豊田市，トヨタ自動車，中部電力，京都府，三菱重工業，関西電力，北九州市，新日鐵住金，富士電機，IBM ほか，たくさんの研究パートナーとの共同研究の成果でもある。また，本書の研究プロジェクト遂行にあたっては伊藤の兼務研究機関である全米経済研究所（NBER）および経済産業研究所（RIETI）からさまざまな支援を受けた。謝意を表したい。

2017 年 4 月

京都，東京，シカゴにて　著者一同

# 著者紹介

依田 高典（いだ たかのり）

1965年生まれ。京都大学経済学部卒業，同大学院経済学研究科博士課程修了。博士（経済学）。

現在，京都大学大学院経済学研究科教授。その間，甲南大学経済学部助教授，イリノイ大学・ケンブリッジ大学・カリフォルニア大学客員研究員等歴任。

主な著書・論文：*Broadband Economics: Lessons from Japan*（Routledge, 2009），"Simultaneous Measurement of Time and Risk Preferences: Stated Preference Discrete Choice Modeling Analysis Depending on Smoking Behavior"（with Rei Goto），*International Economic Review* 50(4)：1169-1182, 2009,『「ココロ」の経済学――行動経済学から読み解く人間のふしぎ』（筑摩書房〔ちくま新書〕，2016年）等。

主な賞歴：日本学術振興会賞（2010年）等。

田中　誠（たなか まこと）

1967年生まれ。東京大学経済学部卒業，同大学院経済学研究科博士課程修了。博士（経済学）。

現在，政策研究大学院大学教授，経済産業研究所（RIETI）ファカルティフェロー。その間，ジョンズ・ホプキンス大学・カリフォルニア大学客員研究員等歴任。

主な著書：『電力自由化の経済学』（八田達夫と共編著，東洋経済新報社，2004年），『規制改革の経済分析――電力自由化のケース・スタディ』（八田達夫と共編著，日本経済新聞出版社，2007年）等。

伊藤 公一朗（いとう こういちろう）

1982年生まれ。京都大学経済学部卒業，カリフォルニア大学バークレー校博士課程修了（Ph.D）。

現在，シカゴ大学公共政策大学院ハリススクール助教授。その間，スタンフォード大学経済政策研究所研究員，ボストン大学助教授等歴任。また，全米経済研究所（NBER）および経済産業研究所（RIETI）研究員を兼任。

主な著書・論文："Do Consumers Respond to Marginal or Average Price? Evidence from Nonlinear Electricity Pricing," *American Economic Review* 104(2)：537-563, 2014, "Sequential Markets, Market Power and Arbitrage"（with Mar Reguant），*American Economic Review* 106(7)：1921-1957, 2016,『データ分析の力――因果関係に迫る思考法』（光文社〔光文社新書〕，2017年）等。

# 目　次

## 第Ⅰ部　スマートグリッドとフィールド実験


第1章　スマートグリッドの経済学 ―― 3

1　情報通信技術の革新とスマートグリッドの夜明け　4
2　電気をスマートにコントロールする　6
3　スマートグリッドのパラダイム　9
4　大震災後に重要性の増したデマンド・レスポンス　13
5　ダイナミック・プライシング――臨機応変に価格を変える　15
6　ダイナミック・プライシングは古くて新しい　19
7　デマンド・レスポンスのフロンティアは広がる　21

第2章　フィールド実験の経済学 ―― 25

1　今，フィールド実験が熱い　26
2　フィールド実験を設計する　31
3　フィールド実験の歴史をひもとく　33
4　第3次フィールド実験ブーム来たる　36
5　フィールド実験の位置づけ　40
6　実際にフィールド実験を行う　43
7　オプトイン型フィールド実験を行う　47
8　フィールド実験と行動経済学　50
9　フィールド実験は万能か　52

## 第Ⅱ部　電力消費のフィールド実験

第3章　価格の威力 —— 61
●北九州市の実験
1　注目される日本の実験　62
2　先行するアメリカの実験　67
3　フィールド実験でわかったこと，わからないこと　72
4　北九州市フィールド実験の設計　75
5　北九州市フィールド実験の結果(1)——2012年夏期　77
6　北九州市フィールド実験の結果(2)——2012年冬期以降　84

第4章　習慣化への挑戦 —— 89
●けいはんな学研都市の実験
1　内的動機と外的動機に訴える　90
2　エネルギー政策にみる内的動機への介入　91
3　けいはんなフィールド実験の設計　94
4　けいはんなフィールド実験の結果(1)——ピークカット効果　98
5　けいはんなフィールド実験の結果(2)——馴化・脱馴化　104
6　けいはんなフィールド実験の結果(3)——習慣形成　107
7　けいはんなフィールド実験の学術的貢献・政策的含意　110

第5章　現状維持の克服 —— 117
●横浜市の実験
1　大きな現状維持バイアス　118
2　横浜市フィールド実験の設計　122
3　横浜市フィールド実験の結果(1)——加入率の分析　128
4　横浜市フィールド実験の結果(2)——ネット・ピークカット効果　133

5　横浜市フィールド実験の結果(3)――トータル・ピークカット効果　136
6　横浜市フィールド実験の学術的貢献・政策的含意　138

## 第Ⅲ部　スマートグリッドの実装に向けて

### 第6章　デマンド・レスポンスの社会的効果と実装 ―――― 145

1　社会実証から社会実装へ　146
2　デマンド・レスポンスによる社会厚生の増大　150
3　電力自由化の進展　155
4　新電力によるデマンド・レスポンスの先進的な取り組み　157
5　電力小売自由化時代のデマンド・レスポンス　159
6　デマンド・レスポンスの社会実装化に向けて　163

### 第7章　スマートグリッドの新展開 ―――― 165

1　ネガワットを市場で取引する　166
2　需要側を束ねるアグリゲーター　167
3　手動から自動のデマンド・レスポンスへ　169
4　需要側からのアンシラリー・サービス　172
5　始まるスマートグリッドの社会実装化　173
6　エビデンス重視の経済学へ向けて　176

### APPENDIX ―――― 181

第2章：フィールド実験の経済学　182
1　平均的トリートメント効果　182
2　ランダム化，排除可能性，非干渉性　183
3　ITT 効果と TOT 効果　185

第3章：価格の威力――北九州市の実験　188
1　アメリカの消費者行動研究　188
2　統計量バランス・チェック　188
3　主要な推定結果　191
第4章：習慣化への挑戦――けいはんな学研都市の実験　194
1　統計量バランス・チェック　194
2　主要な推定結果　196
第5章：現状維持の克服――横浜市の実験　200
1　統計量バランス・チェック　200
2　主要な推定結果（TOT効果）　202
3　主要な推定結果（ITT効果）　203
第6章：デマンド・レスポンスの社会的効果と実装　205
1　フレームワーク・モデル　205
2　社会厚生効果の分析　206

索　引　209

Column 一覧

① DSMの再生　14
② コントロール・グループを置くという考え方　30
③ 始まりはバークレーのカフェだった　63
④ 経済産業省からの誘い　66
⑤ 転機は東日本大震災　103
⑥ 太平洋を挟んで　112
⑦ 太陽光発電プロシューマー　127
⑧ 若手研究者にとってのフィールド実験　147
⑨ 社会問題解決学としてのスマート化　178

# 第 I 部

# スマートグリッドとフィールド実験

# 第1章 スマートグリッドの経済学

## 1　情報通信技術の革新とスマートグリッドの夜明け

ブロードバンドやスマートフォン等の情報通信技術（Information and Communication Technology; ICT）の発展は日進月歩である。インターネットの通信環境は，かつては低速のダイヤルアップ接続が主流だったが，2000年代に入ると非対称デジタル加入者線（ADSL），ケーブルテレビ回線（CATV），光ファイバー回線（FTTH）といった高速・大容量のブロードバンドが爆発的に普及していった。モバイル通信をみても，3Gと呼ばれる回線から4Gの回線へと通信の高速化がはかられ，さらには今の回線の約10倍高速とされる次世代の5G回線への移行も目前に迫っている。日本で普及したガラケーはあっという間にスマートフォンに取って代わられた。こうした目覚ましいイノベーションのおかげで，われわれは日常生活や仕事の場面で，昔は想像できなかったような高速で大容量の情報をやりとりできるようになった。

近年注目されるようになった言葉に「モノのインターネット（Internet of Things; IoT）」がある。IoTの世界では，さまざまな種類のモノがセンサーと無線通信によりインターネットにつながり相互に通信できるようになる。これは，従来からインターネットにつながるパソコンやスマートフォンに限らない。家庭にあるエアコン，洗濯機，冷蔵庫，テレビといった家電から，さらには自動車，ビル・工場の設備等，幅広くモノがインターネットの一部を構成することをIoTは想定する。こうして，あらゆるモノ同士がネットワークにつながり情報を交換することで，モノの遠隔監視・制御から自動化まで，新しいサービスの創造が見込まれる。アメリカの調査会社ガートナー（Gartner）は，2015年にネットワークにつながるモノの数49億個が，2020年には250億個にまで拡大すると予想している[1)]。

ネットワークを介して収集されるデータは膨大であり，「ビッグデータ」として社会の中で有効活用されていくことも期待される。例えば，家電に取り付けたセンサーから収集される電力消費パターンのビッグデータを利用することで，家庭のライフスタイルに合わせた節電アドバイスのサービスが可能となる。高齢者宅では，電力消費パターンの異常を検知することで，見守りサービスが提供できるようになる。他の例では，自動車に取り付けたセンサーからアクセルやブレーキの踏み方等の運転情報を収集し，ドライバーが事故を起こすリスクを解析すれば，各ドライバーの適性に応じて異なる自動車保険を提供できるだろう。

このように，情報通信技術の変革は目まぐるしい。これに対して，電力のイノベーションはどうであろうか？ 電力システムは，発電機で電気を発生させ，それを送電線や配電線を介して需要家に送り届ける。個々の技術の進歩はもちろんあるものの，発電から送電にいたる基本形態は，19世紀後半の電気事業の開始から大きな変化はないといえる。1880年代のアメリカの電気事業の黎明期には，かの発明王トーマス・エジソン（Thomas Edison）が直流電流による事業を主張したのに対して，エジソンの会社の社員だったニコラ・テスラ（Nikola Tesla）は交流方式を提案して，両者の間で激しい争いが起きたといわれている。結局エジソンが敗北し，ナイアガラの滝の水力を利用した交流発電とアメリカ東部への交流送電が始まると，この交流方式は日本をはじめ世界中に広まった。交流送電の初期の時代から百数十年の間，技術の基本的枠組みは変わっていない。

しかし，この10年くらいの間に，情報通信技術のイノベーションを取り込む形で，電力の世界にも大きな変革の波が押し寄せている。スマートグリッドである。0と1のデジタルの情報をやりとりする情報通信ネットワークと物理量である電力のネットワークとを融合し，「賢い＝スマート」な電力システムを構築しようとする試みである。

---

1)　ガートナー・ウェブサイト（http://www.gartner.com/newsroom/id/2905717）。

## 2　電気をスマートにコントロールする

スマートグリッドとは，発展目覚ましい情報通信技術を活用して，電気の供給側と需要側を双方向に結びつけて，需給をスマートにコントロールする電力システムである。電気の供給側は，従来からある火力発電等の集中型電源だけでなく，太陽光や風力等の再生可能エネルギーを利用する分散型電源も含まれる。需要側は，工場をはじめ商業ビルから各家庭にいたるまで電気を使うすべての消費者である。これまでも電力会社は，所有する大型発電所と送電・配電ネットワークを独自の閉じた通信網によりつなげて，設備の遠隔監視等を行ってきた。しかし，スマートグリッドでは，電力会社の外にも開かれたブロードバンドのインターネット網を用いて，あらゆる電源と消費者がつながり，電気の需給に関する情報を双方向にやりとりすることが可能となる。こうして，スマートグリッドでは，多種多様な電源と消費者が，広く情報通信ネットワークと送配電ネットワークを介してつながり，最適な需給調整をはかる。

スマートグリッドと比較するために，電気事業の黎明期から続く伝統的な電力システムをまず見てみよう。石油，天然ガス，石炭等の火力発電所に加え，水力発電所や原子力発電所の集中型電源でつくられた電気は，送配電のネットワークにより，最終の消費者に届けられる（図1-1）。電気は上流の電源から下流の需要家に向けて一方向に流れ，電力会社は独自の通信網も活用しながら電力システムを集中管理する。

これに対して，図1-2はスマートグリッドのイメージを表している。供給側では再生可能エネルギーの普及が進み，風力発電やメガソーラーとも呼ばれる大規模な太陽光発電等の分散型電源がネットワークにつながる。これらの再生可能エネルギーは，風や日照等の気象条件に大きく左右され，発電量が激しく変動しうる。そこで，情報通信技術の力を借りて，従来型

図1-1　伝統的な電力システム

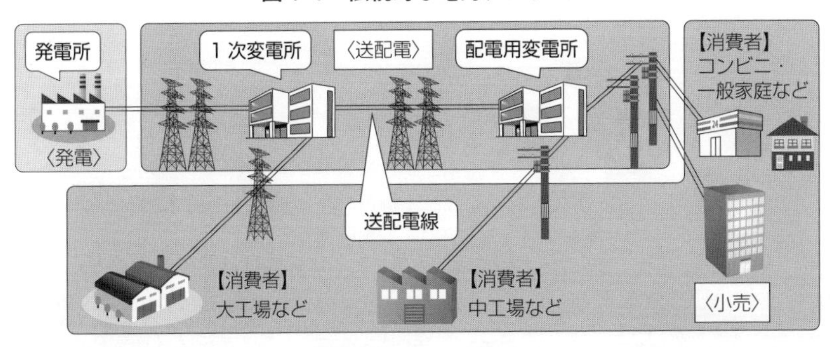


（出所）経済産業省資料をもとに作成（http://www.enecho.meti.go.jp/category/electricity_and_gas/electric/electricity_liberalization/pdf/summary.pdf）。

の火力電源の発電を変化させたり需要側の消費パターンを変化させたりすることで，需給のコーディネートをはかろうとする。

需要側として，家庭の変化を見てみよう。ぐるぐる回る円盤がついた昔ながらのアナログ式の電気メーターは，30分・1時間ごとに柔軟に電気の使用量を計量し電力会社と双方向通信が可能なデジタル式の「スマートメーター」に置き換わる。また，さまざまな家電の電力消費を「見える化」し家庭の効率的なエネルギー管理を実現するシステム（Home Energy Management System; HEMS）が導入されていく。こうして，情報通信技術の発達の後押しにより，家庭のエネルギー管理はどんどんスマート化していく。これは，家庭にとどまらず，ビルや工場の効率的なエネルギー管理システム（それぞれ Building Energy Management System; BEMS, Factory Energy Management System; FEMS）にも広がり，需要側全体のスマート化へと発展する[2]。

さらに，先進的な家庭では，屋根に太陽光パネルを取り付けたり，電気を貯める小型の蓄電池，電気自動車の普及も進むであろう。太陽光発電を

2）HEMS, BEMS, FEMS や分散型電源等を束ねて地域全体のエネルギー管理をするシステムは CEMS（Community Energy Management System）と呼ばれる。

図 1-2　スマートグリッドのイメージ

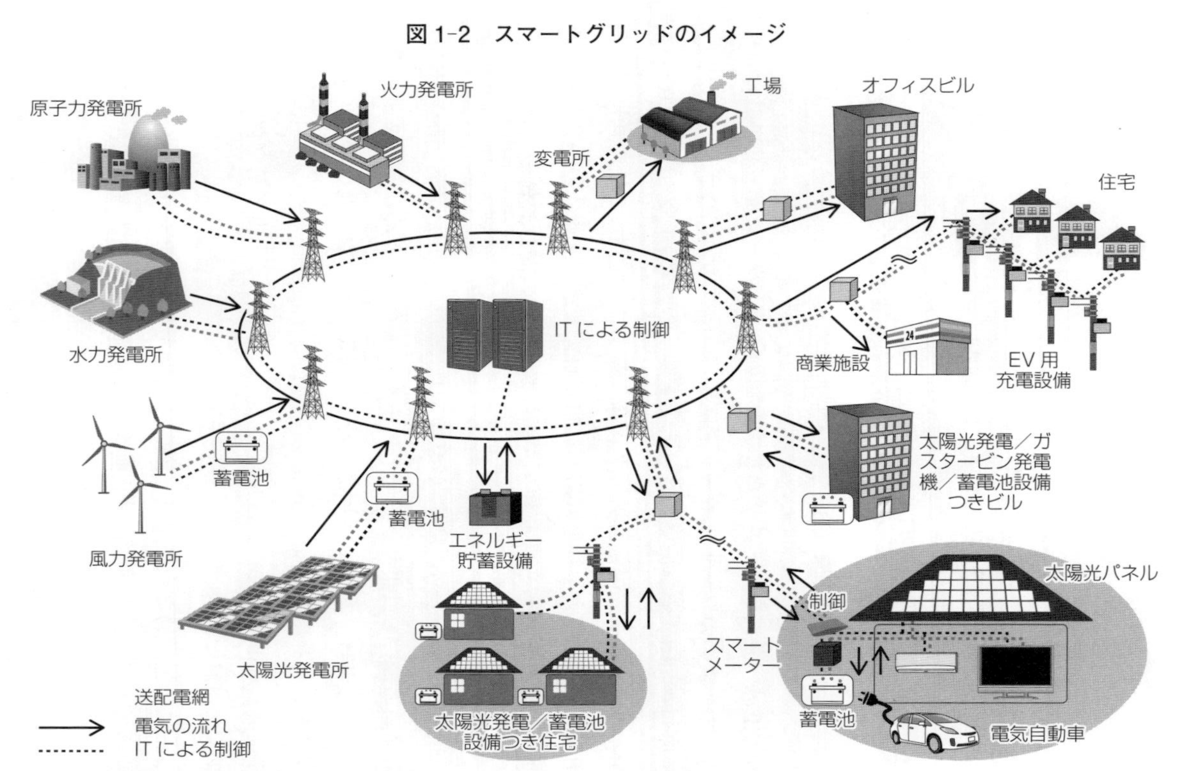


（出所）　経済産業省資料をもとに作成（http://www.meti.go.jp/report/downloadfiles/g100129d01j.pdf）。

行う家庭は，自宅で電気を利用する消費者（コンシューマー）である一方で，太陽光パネルで発電した電気をネットワークに供給する生産者（プロデューサー）の側面も併せもつ「プロシューマー」とみなすことができる。また，蓄電池や電気自動車に積んだバッテリーは，将来的にはネットワークに電気を供給することも想定される。こうなると，従来のようにネットワークから家庭に一方向で電気が流れるのではなく，ネットワークと家庭の間で電気が双方向に流れるようになる。ここでも，情報通信技術の力を借りて，分散型のプロシューマーたる家庭の電力消費・供給を最適にコントロールすることになる。

以上のように，スマートグリッドでは，従来の集中型電源と送配電ネットワークの一体運用に加えて，再生可能エネルギーによる分散型電源とスマート化した需要家がネットワークにつながり，情報通信技術の革新を取り込む形で，高効率で高品質の電力システムを実現する。

## 3　スマートグリッドのパラダイム

前節ではスマートグリッドを情報通信技術の視点から外観した。ここでは，電力の需要と供給という観点から，スマートグリッドについてもう少し踏み込んで考えてみよう。

伝統的な電力システムの大きな特徴は，常に供給側が需要側の都合に合わせようとする点だ。電力需要は，変動が大きく不確実性も伴う。例えば，夏のある一日に予想よりも気温が高くなると，家庭やビル等のエアコンの使用量が増え電力需要も急激に増大しうる。これに対して，今の技術では大量の電気を経済的に貯めておくのには限界があるため，発電所の出力を時々刻々と変化させて需要変動に追従する必要がある。夏の日に急減に需要が増大するときには，発電所もそれに合わせて電気の供給量を増やさなければならない。もしもリアルタイムの電力需給のバランスが崩れると，周波数や電圧を一定の範囲に維持するのが困難となり，最悪の場合には大規模停電が発生してしまう。

このように供給側が需要側を常に追従する伝統的な電力システムのパラダイムに，近年2つの大きな変化が起こりつつある。

- 負荷追従性の低い太陽光発電や風力発電の供給力の活用
- 需要側が消費量を調整するデマンド・レスポンスの活用

1つ目は，負荷追従性の高い集中型電源が中心のシステムから，負荷追従性の低い分散型電源も大量導入する電力システムへの転換である。石油等による火力発電は，出力のコントロールが容易で，需要に供給を合わせる負荷追従性が高い。一方，太陽光発電や風力発電は，先述のとおり，日射量や風況といった気象条件に左右され，出力変動が激しく供給量も不確実である。これらの自然変動型の再生可能エネルギーは，出力調整が難しく負荷追従性の点では劣る[3)]。このため，伝統的な電力システムのオペレーションだけに頼ることは困難となり，太陽光や風力による発電を前提として需給をコーディネートするスマートグリッド技術が必要となってくる。

現実に自然変動型の再生可能エネルギーは，欧米をはじめ世界中で導入が進んでいる。日本でも，2015年に「長期エネルギー需給見通し」が示され，再生可能エネルギーの大幅な増大を見込む。東日本大震災前に約3割を占めていた原子力発電への依存が20～22%程度まで大きく低減する一方，東日本大震災前に約10%だった再生可能エネルギー（水力9%，その他1%）は，2030年度には22～24%程度まで上昇する見通しである。中でも，太陽光7%，風力2%と，2030年度には自然変動型の再生可能エ

3)　太陽光発電や風力発電に比べると，地熱発電，水力発電，生物資源を用いるバイオマス発電は，自然条件に左右されにくく，より安定的に供給が見込める再生可能エネルギーである。

ネルギーが全体の供給力の10% 近くまで達すると想定されている。これらの負荷追従性が低い再生可能エネルギーを電力システムに組み込んでいくために，スマートグリッドによる需給のコントロールがますます必要となっていく。

2つ目は，常に供給側が需要に合わせるという形から，需要側でも消費パターンを柔軟に調整しようとする仕組みへの転換である。需要応答とも訳されるデマンド・レスポンスは，電力需給の状況に応じて，電気料金を変動させることなどによって，需要側でスマートに消費パターンを変化させる取り組みの総称である。

供給側が需要側を追従する従前の電力システムでは，電力のピーク需要に合わせて，それをまかなうことができる十分な発電設備をもつことが必要である。日本では，猛暑の夏の日中や寒さの厳しい冬の夕方に電力需要のピークがくるため，それに合わせて石油等の火力発電所を稼働させて需要に追従する。しかし，1日の中でも夜間であったり，春や秋の穏やかな気候の季節は，電力需要のオフピークとなりむしろ供給力が余るため，ピーク用の火力電源は稼働しなくなる。つまり，供給側が常に負荷追従する電力システムでは，夏の猛暑時や冬の厳寒時のごく限られた時間のためだけのピーク電源に投資する必要があり，このような発電設備は1年の残りの期間は稼働せずに休眠状態となる。図1-3は，日本全体で年間最大電力が発生した夏の1日について，時間ごとの電気使用量の推移を表しており，日中に消費が急増することがわかる。

そこで発想を変えて，電力需給が逼迫するピークに，電力消費を抑制するデマンド・レスポンスをうまく引き出すことができれば，需要が減る分，ピーク電源への投資も削減できるようになる。ひいては，電力供給のコストを削減できることになる。このように社会的にメリットのあるデマンド・レスポンスを，情報通信技術を活用しながら実現しようとするのが，スマートグリッドの大きなターゲットである。

以上，電力の需要と供給の視点からスマートグリッドの本質について議

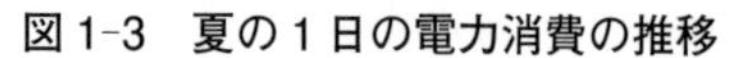

図 1-3　夏の 1 日の電力消費の推移

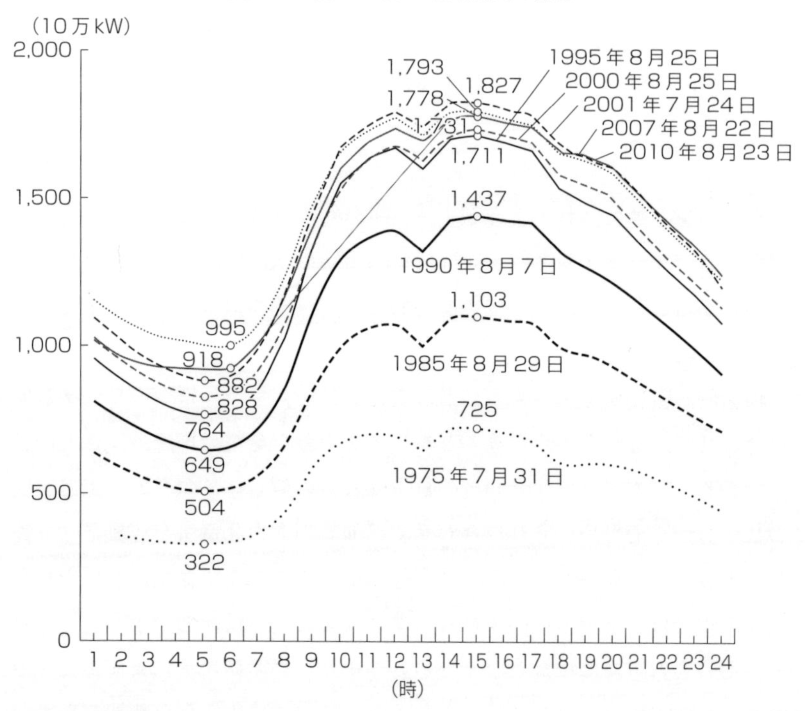


（出所）　経済産業省資料をもとに作成（http://www.enecho.meti.go.jp/about/whitepaper/2013html/2-1-4.html）。

論した。太陽光発電や風力発電の供給力の活用の問題は，つきつめると日射量や風況といった自然条件との戦いである。一方，需要側のデマンド・レスポンスの活用は，家庭にせよビル・工場にせよ，電力消費の決定を行う人間への働きかけの問題である。消費者が果たしてどのようなデマンド・レスポンスを示すのかを理解することが大事であり，そこで経済学の出番となる。本書では，このような需要側に着目し，スマートグリッドにおけるデマンド・レスポンスを解明することを「スマートグリッドの経済学」と呼ぶ。

## 4　大震災後に重要性の増したデマンド・レスポンス

スマートグリッドという言葉が一躍有名になったのは，2009年にアメリカのバラク・オバマ（Barak Obama）大統領が就任して間もなく，景気対策として「アメリカ再生・再投資法（American Recovery and Reinvestment Act of 2009; ARRA）」を成立させ，その中でスマートグリッド関連事業に巨額の拠出をすることを決めてからである。エネルギー・環境分野への集中投資を目指すグリーン・ニューディール政策のもとで，多数のスマートグリッド実証プロジェクトがアメリカで立ち上がった[4)]。アメリカでは，送配電ネットワークの老朽化が問題となっており，スマートグリッドへの助成を通じて自動化を含めた設備の近代化を推し進めたい意図が背景にあった。また，スマートグリッド環境でのデマンド・レスポンスを推進することで需要を抑制し，発電と送配電ネットワークへの投資もなるべく抑えたいとの背景がアメリカにはあったといわれている。

これに対して，日本の動向はどうか？ 日本では，配電自動化システムが導入済みであるなど，設備の近代化・高度化が進んでおり，電力供給の信頼度は世界的にみてもきわめて高い水準にある。しかし一方で，太陽光発電が急速に普及する中で，日本の従来型の電力システムにおいては，導入できる太陽光の発電容量には電力安定供給の点から限界があることも明らかになってきた。

そこで，スマートグリッド技術を活用することで，電力の安定供給を維持しながら自然変動型の再生可能エネルギーの導入量を拡大する検討が盛んになった。特に，本書でも紹介する経済産業省の「次世代エネルギー・

4)　アメリカのルーズベルト大統領が世界大恐慌への対策として1930年代に打ち出した一連の経済政策であるニューディール政策にちなんでこのように呼ばれる。

### Column ①　DSMの再生

電力会社は，ずっと以前から，消費者の需要管理をすることの重要性に気づいていた。特に，1970年代の石油危機（オイル・ショック）のときに燃料費の高騰に直面したことを契機として，アメリカでも日本でも，電力会社は需要側に働きかける取り組みに力を入れるようになった。この取り組みはデマンド・サイド・マネジメント（Demand Side Management; DSM）と総称される。DSMの代表例では，大口需要の産業用の工場や商業用のビル等を対象に，生産プロセスを見直したり，建物や設備のエネルギー効率を改善したりすることで，省エネやピークカット等を実現しようとする。

こうしたDSMの取り組みは日本の電力会社でも地道に行われてきたが，どこか腰が重い面もあったと思われる。

「供給が不足したら，発電所をつくるのが手っ取り早くて確実だ。」

これが伝統的な電気事業者の本音だったのではないか。

しかし，こうした空気を変えたのが，東日本大震災とその後の電力システム改革である。電力の供給力不足の不安が高まる中，需要側のデマンド・レスポンスは，供給側が利用できる「資源」としての地位が高まった。さらに，2020年に予定されている発送電分離では，電力会社の送配電部門は発電部門と切り離される。こうして分離された送配電事業者は，電力システムの安定的なオペレーションのために，供給側の資源だけでなく，需要側のデマンド・レスポンスという資源も有効活用していく必要が生じるであろう。

思い起こせば，震災が起きるちょうど1年前に，われわれは本書のもとになる研究プロジェクトの実現を誓い合った。途中で，何度も挫折しそうになったが，諦めず粘り強く産学公民の話し合いを続けた。東日本大震災の起きた2011年3月11日もそうであった。こうして研究成果を一冊の本にまとめることができた今，われわれは，天が導いてくれたかのような，不思議な運命の巡り合わせを感じている。

社会システム実証事業」(2010〜2014年度) では，日本型スマートグリッドの構築を目指して，再生可能エネルギーの大規模導入の仕組みも実証の大きな柱となった。他方，スマートグリッドでのデマンド・レスポンスは，実証項目にこそ入っていたが，当初はより控えめで他の実証項目に比べると目立たない存在であった。元来，日本の電気事業関係者の間では，需要側のマネジメントよりも，発電能力を増強する供給側の対策の方が効果的ととらえる傾向があった。また，二酸化炭素 ($CO_2$) 等の温室効果ガスの排出抑制により関心があったと考えられる。

しかし，この流れを一変させる事態が起こった。2011年の東日本大震災である。東日本大震災をきっかけとして，日本全国で定期検査を迎えた原子力発電所が順次稼働を停止し，2013年には当時48基あった原子炉がすべて稼働停止にいたった。こうして電力の供給力不足の不安が高まる中，日本でも需要側のマネジメントがにわかに注目されることとなり，デマンド・レスポンスにより電力の消費を抑制することの重要性が認識されるようになった。上述の次世代エネルギー・社会システム実証事業においても，デマンド・レスポンスの実証が，開始当初よりも重要課題として重みを増した。日本型スマートグリッドの構築において，再生可能エネルギーの大規模導入に加え，需要側のデマンド・レスポンスが大きな課題として浮上した。

## 5　ダイナミック・プライシング——臨機応変に価格を変える

電力の消費パターンを変えるデマンド・レスポンスを引き出すのに最も有効と考えられるのは，価格のシグナルを使うことである。電気を使う時間や季節に応じて柔軟に価格を変化させる料金制度を，一般に「ダイナミック・プライシング (Dynamic Pricing)」と呼ぶ。これは，需要と供給の均衡により価格が決まるという経済学の基本原則に則った料金制度である。

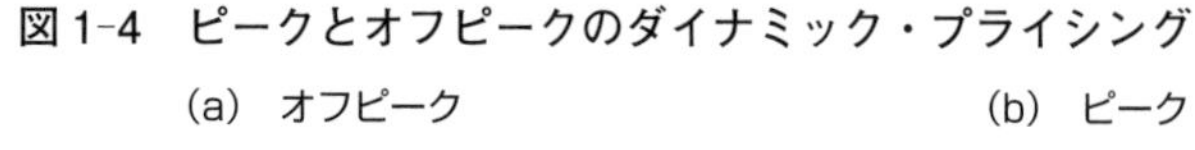

**図1-4　ピークとオフピークのダイナミック・プライシング**



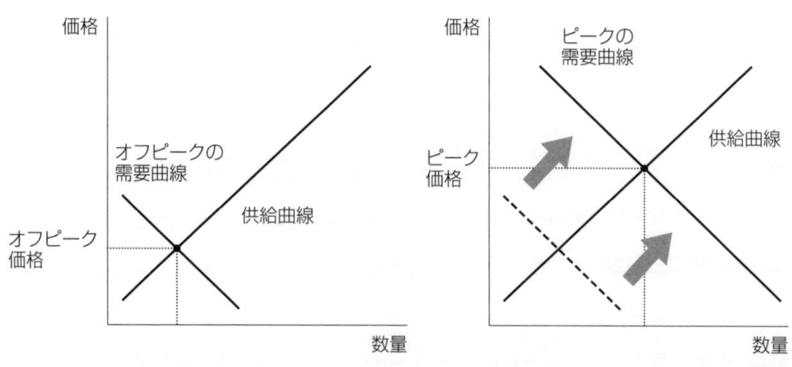


ダイナミック・プライシングの基本的なメカニズムを，需要にピークとオフピークとがある単純なケースを例に考えてみよう。電力消費のピークとオフピークは，1日の中の日中（ピーク）と夜間（オフピーク），1年の中の夏（ピーク）と春（オフピーク）など，さまざまな場合に適用できる。図1-4（a）にオフピークの電気の需要曲線が描かれている。ここでは，例えば1日の中で電力消費が少なくなる夜間としよう。対して日中には，人々が活動し電気製品等をより多く使うので電力消費は増大する。左下に位置する夜間オフピークの需要曲線は，右上方にシフトしていく。図1-4（b）には右上方にシフトした日中ピークの需要曲線が示されている。図1-4には，右上がりの電力の供給曲線も描かれており，単純化のためにピークもオフピークも供給曲線の形状は同じとした。

最適な価格設定は，ピークとオフピークでそれぞれ需要と供給がうまく均衡するように決める，すなわち需要曲線と供給曲線の交点で決めることである。図1-4では，それぞれオフピーク価格，ピーク価格として示されている。その意味するところをもう少し掘り下げて考えておこう。ここでいう需要曲線は，電力消費をあと1単位増やすときに追加的に得られる消費者の便益，すなわち限界便益を表している。あるいは，消費者が追加的

図 1-5　限界便益と限界費用

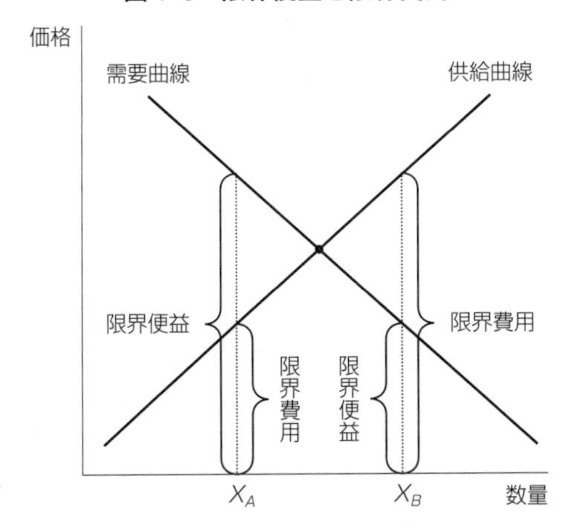


な電力消費 1 単位に支払ってもよいと考える金額，すなわち支払意思額（Willingness to Pay; WTP）であると言い換えてもよい。他方で，供給曲線は，電力会社が電気の供給をあと 1 単位追加するときにかかる費用，すなわち限界費用を表す。したがって，需要と供給が均衡するように価格を決めることは，消費者の限界便益と供給者の限界費用を等しくしようとすることにほかならない。

なぜこのことが効率的なのかは，次のように考えれば簡単に理解できる（図 1-5）。仮に，電力消費の限界便益が電力供給の限界費用よりも高い $X_A$ で消費しているとしよう。これは，価格が割高で需要と供給の均衡点よりも左側，すなわち限界便益＞限界費用となっている状況である。このとき，価格を下げて電力の消費（供給）を増やせば，追加でかかる費用よりも大きな消費者の便益の増加が見込める。こうして，需要と供給の均衡点まで，電力消費を増やすことで社会厚生が改善される。逆の場合も同様に考えることができる。仮に，価格が割安で電力供給の限界費用が電力消費の限界便益より高く，需要と供給の均衡点よりも右側（$X_B$），すなわち限界費用＞限界便益となっている状況だとしよう。このとき，価格を上げて電力の消費（供給）を減らせば，消費者の便益の減少を上回る費用の節約ができるので，やはり社会厚生が改善する。よって，上述のとおり，需要曲線と供給曲線の交点で価格を決めるのが最適である。

図1-4（a）が示すオフピーク価格のもとでは，夜間のため電力消費の限界便益は相対的に小さく，また夜間は石炭火力等の燃料費が安価なベース電源を主に使うため電力供給の限界費用も小さい。そして，両者が均等化するように最適なオフピーク価格が決まる。一方，図1-4（b）が示すピーク価格においては，人々が活動する日中であるため電力消費の限界便益は相対的に大きく，日中には石油火力等のより燃料費が高い電源も使うため電力供給の限界費用が大きい。この両者が等しくなるようにピーク価格を決めるのが社会的に最適である。

これに対して，料金水準が時間や季節により変動しない固定均一価格にはどのような問題があるのだろうか？ 図1-6は，固定均一価格のもとでの需給の状況を示している。価格は，ピーク価格とオフピーク価格の間の平均的な水準に均一に固定されている。東京電力を例にとると，従来から適用されている家庭用の従量電灯B・Cと呼ばれる固定均一価格の料金メニューでは，1kWhあたりの単価は約26円である（2016年3月時点）[5]。

ピークに注目してみよう（図1-6（b））。固定均一価格が最適なピーク価格よりも低いため，その分電力の消費量が多くなる。その結果，先述のとおり，需要と供給の均衡点よりも右側で，電力供給の限界費用が電力消費の限界便益より高くなってしまう。電気の消費量は最適水準に比べて過大であり，割高な石油火力等の電源が過大に使われてしまうため，この状態は非効率である。オフピークも同様の議論が成り立ち，固定均一価格が最適なオフピーク価格よりも高いため，その分電気の消費量が過小となって

---

5）東京電力の従量電灯B・Cは，月120kWhまでの第1段階がナショナル・ミニマム（基礎的サービスの最低水準）料金，300kWhまでの第2段階が標準的な料金，300kWhを超える第3段階が割高な料金という3段階の料金制度となっている。しかし，料金単価自体は，時間や季節で変動せず，平均的には年中約25円/kWhである。

図1-6　非効率な固定均一価格

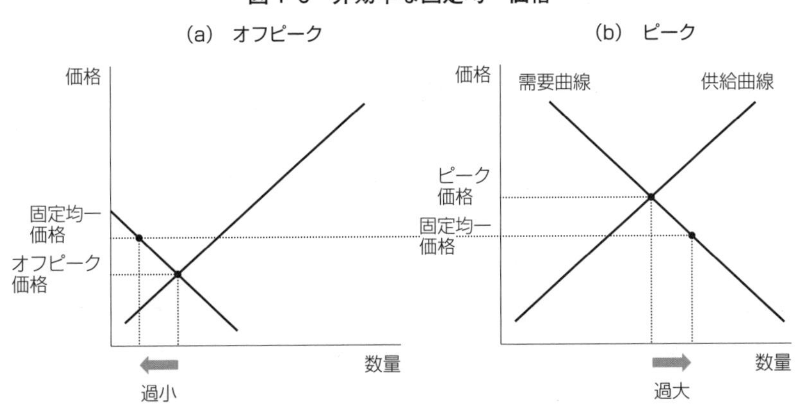


しまう（図1-6 (a)）。ダイナミック・プライシングにより，ピークとオフピークの電力需給に応じて，柔軟に価格付けをすれば，固定均一価格の生む非効率を解消することが可能となる。

## 6　ダイナミック・プライシングは古くて新しい

ダイナミック・プライシングの理論的な研究は，比較的古くより行われてきた。需要の多いピークに価格を上げ需要の少ないオフピークに価格を下げるという基本的枠組みは，ピークロード・プライシングとも呼ばれる[6)]。古くは Boiteux（1949），Steiner（1957）等が，ピークロード・プライシングの経済理論を短期・長期の視点から定式化した。取引費用の経済理論を発展させた功績により 2009 年にノーベル経済学賞を受賞したオリバー・ウィリアムソン（Oliver Williamson）も，若かりしころにはピークロード・プライシングの理論研究で貢献している（Williamson, 1966, 1974）。

6）　松川（2003）ではピークロード・プライシングを詳しく解説している。

現実の世界でダイナミック・プライシングが適用された事例としては，欧米や日本でも導入された時間帯別（Time-of-Use; TOU）料金がある。この料金制度は，季節ごとであったり，日中と夜間等の時間帯のブロックごとに異なる料金水準をあらかじめ設定する。日本では，2016年4月に電力小売全面自由化により家庭への料金規制が撤廃され，多様な会社が多様な料金メニューを競うようになったが，それ以前には，各地域の電力会社が規制料金の範囲で時間帯別料金を消費者の選択制（選択約款）で用意していた。関西電力の時間帯別電灯という料金種別を例にとると，7時から23時の昼間は約32円/kWh，23時から翌日7時までの夜間は約13円/kWhと時間帯ブロックごとにあらかじめ料金が設定されている（2016年3月時点）。

ただし，日本の電力会社で導入された時間帯別料金は，ダイナミック・プライシングの中では初歩的でかなりキメの粗い仕組みといえる。ピークとオフピークで異なる価格を設定するのだが，その料金水準は時間帯ブロックごとにあらかじめ固定されている。現実には，電力の需給は経済的な条件や天候条件等により日々変化しうるので，料金水準を時間帯ブロックごとにあらかじめ固定すると非効率が生じてしまう。本来のダイナミック・プライシングの考え方からすると，価格をあらかじめ固定するのではなく，その時々の電力需給をより柔軟に反映する形で時間ごとにキメ細かく価格を変動させる方がより望ましい。

時間帯別料金よりもさらに柔軟でキメの細かいダイナミック・プライシングを家庭に適用する試みは以前から議論されてきたが，現実の導入はこれまでほとんど進んでいなかった。特に従来は，大多数の家庭の電気メーターが月単位で計量するアナログ式であったり，価格等の情報を消費者へ提供する手段や家庭内で効果的にエネルギー管理をする手段が限られていたことが大きな要因であった。

しかし，近年のスマートグリッド技術がこの状況に大きな変化をもたらしつつあることは先に述べた。家庭の電気メーターは，デジタル式スマートメーターに順次交換され，時々刻々電気の消費量を計量し電力会社と双方向の通信が行われるようになる。さらに HEMS が普及すれば，人々は家庭内の電力消費をリアルタイムに把握して家電の効率的なエネルギー管理ができるようになる。スマートグリッドの環境下では，家庭にキメ細かいダイナミック・プライシングを適用することが「絵に描いた餅」ではなくなる。

## 7　デマンド・レスポンスのフロンティアは広がる

スマートグリッドのもとでは，多種多様なダイナミック・プライシングが可能となる。キメの細かさを追求する方式として，リアルタイム・プライシング（Real Time Pricing; RTP）がある。典型的なリアルタイム・プライシングでは，前日の卸電力市場の 1 時間ごとの価格に家庭の電気料金を連動させる。電力自由化の進んだ多くの国では，卸電力に関して，実取引の 1 日前に売りと買いの入札を受け付け，翌日の 1 時間ごとの約定価格（均衡価格）が決まる。この前日卸電力市場は当日の電力需給をおおむね反映するので，家庭の電気料金もこれに連動させるのである。前日の夕方や当日の朝に，1 時間ごとの電気料金が家庭に通知されデマンド・レスポンスを引き出す。

リアルタイム・プライシングは，電力の実需給を反映して価格が変化するので効率性の点で優れている。しかし，消費者にとっては時々刻々と目まぐるしく価格が変化するので，電気の消費量を調整するための負担が大きくなる可能性もある。そこで，電力需給の逼迫が予想される緊急ピーク（Critical Peak）に絞って価格を柔軟に変化させる方式も考えられる。これは，クリティカル・ピーク・プライシング（Critical Peak Pricing; CPP）と呼ばれる。

夏の猛暑時や冬の厳寒時には，エアコンの使用量増大等により電力需要は急激に大きくなる。これに対応するために老朽石油火力等の電源を焚き増すと限界費用もきわめて高くなる。このような緊急ピークのときに，需給状況を反映した非常に高い価格を課すのがクリティカル・ピーク・プライシングである。前日の夕方や当日の朝に，猛暑や厳寒が予想される数時間分の緊急ピークの電気料金が家庭に通知され，デマンド・レスポンスを引き出す。クリティカル・ピーク・プライシングは，リアルタイム・プライシングに比べればキメは粗い方式だが，稼働率のきわめて低いピーク用電源への投資を抑制するので，長期の費用の観点からも十分有益と考えられる。

狭義のダイナミック・プライシングは，電力消費に対する「課金」の水準を変化させる。一方，電力消費を減らしたら「リベート」を付与する方式も考えられる。課金もリベートも金銭的な動機に訴えかけるものなので，リベートを活用する方式も広義にはダイナミック・プライシングの一種とみなしうる。リベート方式の代表的なものにクリティカル・ピーク・リベート（Critical Peak Rebate; CPR）がある。これは，課金方式のクリティカル・ピーク・プライシングをリベートに置き換えた方式と考えてよい。すなわち，電力需給の逼迫が予想される緊急ピークに電力消費を削減した場合に，削減量に応じてリベートを与える。

ただし，リベート方式にはいくつかの難点も指摘されている。リベートの場合，削減量を計算するもととなる平時のベースライン消費量をどう計算するかについて，万人の意見が一致する確固たる算定根拠が提案されているわけではない。また，行動経済学の基本的理論によれば，人々は利得の獲得（この場合リベート）よりも損失（この場合課金）に対してより強く反応する（損失回避性と呼ばれる。Kahneman and Tversky, 1979）。つまり，リベート方式の方が課金方式よりもデマンド・レスポンスの効果で劣る可能性がある[7)]。

これまで述べてきたのは価格やリベートといった金銭的な動機に訴える手段であった。他方，価格やリベートに頼らず，人々の節電意識に直接訴えかける非金銭的なデマンド・レスポンスの手段も考えられる。現実に，2011年の東日本大震災とその後の電力供給不足に直面した際には，東京電力や関西電力等の家庭の需要家に対して国が節電要請を行った[8)]。このような危機時だけにとどまらず，平常時の夏や冬にも気候等の条件により電力需給が逼迫することがしばしば起きる。需給逼迫時に，価格メカニズムだけでなく，節電要請による非金銭的なデマンド・レスポンスを組み合わせることも有効となりえる。

さらに将来的には，デマンド・レスポンスは，人間の手による手動応答からシステムによる自動応答へと進化していくことが期待される。典型的な手動デマンド・レスポンスでは，電力会社からメール等による連絡を受けた消費者が，自らの手でエアコンの温度設定を変えたりして対応する。この一連の応答の流れを自動化してしまうことが考えられる。電力会社からのメッセージは，人間を介さずに，直接HEMSを経由してエアコン等のさまざまな家電に伝わり，自動で機器のコントロールを行うのである。このような仕組みは「自動デマンド・レスポンス（Automated Demand Response; ADR）」と呼ばれる。あらかじめ設定した手順に従って自動で家電のコントロールをする方が，人手であくせく調整をするよりも効果的にエネルギー管理をできる可能性がある。

スマートグリッドの発展とともに需要側のデマンド・レスポンスの可能性も大きく広がろうとしている。スマートグリッド環境におけるデマンド・レスポンスの効果はいったいどれくらいなのだろうか？ スマートグリッドはまだ走り出したばかりであり，アメリカや日本でデマンド・レスポンスに関するフィールド実験が数多く行われつつある。次章では，フィールド実験について詳しくみていこう。

---

7）実際，Wolak（2010, 2011）の研究では，クリティカル・ピーク・リベートはクリティカル・ピーク・プライシングの効果の半分しかないという実証結果を示している。

8）契約電力500 kW以上の大口需要家に対しては，電気事業法27条に基づいて強制的な電力使用制限が発動された。家庭に対しては，拘束力のない節電の要請が行われた。

## 参考文献

松川勇（2003）『ピークロード料金の経済分析――理論・実証・政策』日本評論社。

Boiteux, Marcel (1949) "De la tarification des pointes de demande," *Revue générale de l'électricité* 58: 321-340. (English translation: Boiteux, M., 1960 "Peak-Load Pricing," *Journal of Business* 33(2): 157-179.)

Kahneman, Daniel, and Amos Tversky (1979) "Prospect Theory: An Analysis of Decision under Risk," *Econometrica* 47(2): 263-292.

Steiner, Peter O. (1957) "Peak Loads and Efficient Pricing," *Quarterly Journal of Economics* 71(4): 585-610.

Williamson, Oliver E. (1966) "Peak-load Pricing and Optimal Capacity under Indivisibility Constraints," *American Economic Review* 56(4): 810-827.

Williamson, Oliver E. (1974) "Peak-load Pricing: Some Further Remarks," *The Bell Journal of Economics and Management Science* 5(1): 223-228.

Wolak, Frank A. (2010) "An Experimental Comparison of Critical Peak and Hourly Pricing: The PowerCentsDC Program," *Stanford University Working Paper*.

Wolak, Frank A. (2011) "Do Residential Customers Respond to Hourly Prices? Evidence from a Dynamic Pricing Experiment," *American Economic Review: Papers and Proceedings* 101(3): 83-87.

# 第2章

# フィールド実験の経済学

## 1　今，フィールド実験が熱い

「ある調査によれば，経済政策Aによって，経済効果Bが生み出された。」

皆さんは，このような新聞記事をみたことはないだろうか？ 例えば，地域振興券（A）が地域経済（B）を活性化させた。子ども手当て（A）が出生率（B）を上げた。電力価格の上昇（A）が節電（B）を促した……等々，見渡すといろいろな具体例がみつかる。なぜなら，経済政策の検証といった場合，「AがBという効果を生み出したのか？」という因果関係の問いが最重要となることが多いためである。

われわれは，経済政策の授業において，学生に対して，「そのような記事をみたときは，疑ってかかりましょう」と伝える。なぜ疑うべきなのか？ まずは，そこの議論からスタートさせてみよう。

一番疑うべきなのは，Bという効果が本当にAによってもたらされたのか？ という問題である。例として，電力価格の上昇（A）が節電（B）を促したという記事を考えてみよう。よく見てみると，この調査は電力価格が比較的安かった震災前の電力消費量データと，電力価格が上がった震災後の電力消費量データの「ビフォー／アフター（Before/After）」を比較して，結論を導いていることが多い。

さて，ここで，何が問題なのか？ よく考えてみよう。震災前後では電力価格の上昇（A）以外にも，節電意識の変化，経済活動の変化等，別の要因（C）の大きな影響があったはずだ。そのため，あたかも，AがBを導いたかのようにみえて，もしかしたらCが本当の要因で，Aは関係がなかったという可能性を排除できない。地域振興券（A）が地域経済（B）を活性化させたとか，子ども手当て（A）が出生率（B）を上げたとかいう例についても，別の要因（C）の可能性を考えてみてほしい。おそらくいろいろな（C）をみつけることができるのではないだろうか？

フィールド実験の第1の強みは，RCT（Randomized Controlled Trial）という手法によって，以上の因果関係に関する懸念を完全に払拭できる点にある。RCT は日本語で，一般に，無作為比較対照法と呼ばれるが，ランダム化比較試験，無作為比較試験とも呼ばれたりする[1)]。RCT では，実験協力者を，コントロール・グループ（トリートメントの介入を受けないグループ）と，トリートメント・グループ（トリートメントの介入を受けるグループ）に分ける。ただし，グループ分けはランダム（無作為）に行う。言い換えれば，実験協力者に「くじ引き」をしてもらい，くじ引きの結果でコントロール・グループかトリートメント・グループに入ってもらうということだ。

なぜこの方法が因果関係に関する懸念を払拭するのか？ その理由は直感的である。2つのグループに入るプロセスがランダムなので，2つのグループは統計的に同等の特徴をもつ集合になるからである。例えば，「もしかしたら片方のグループにやる気の高い意欲的な人が集まるのでは？」という懸念を考えてみよう。RCT では，それはありえない。なぜなら，ランダム化によって，やる気の高い人と低い人は満遍なく2つのグループに入ることになり，やる気の平均値や分布は2つのグループで一致するからである。このことは，やる気のみならず，世帯所得や家族構成等，あらゆる要素についていえる。よって，2つのグループは，トリートメントの介入以外では統計的に同じ構成になるため，グループ間に生じた差異はトリートメントの介入による影響以外には考えられない，ということを証明できる[2)]。

---

1）日本語によるフィールド実験の解説としては，依田・澤田（2015）がよい紹介となる。英語になるが，詳しい教科書としては，Gerber and Green（2012），Glennerster and Takavarasha（2013）が定評がある。

2）RCT は医薬品の臨床効果の検証等で長年使われてきている手法であるが，社会科学でも，近年になって積極的に取り入れられるようになった。

図 2-1　セルフセレクションによる「差」の比較＝バイアスあり

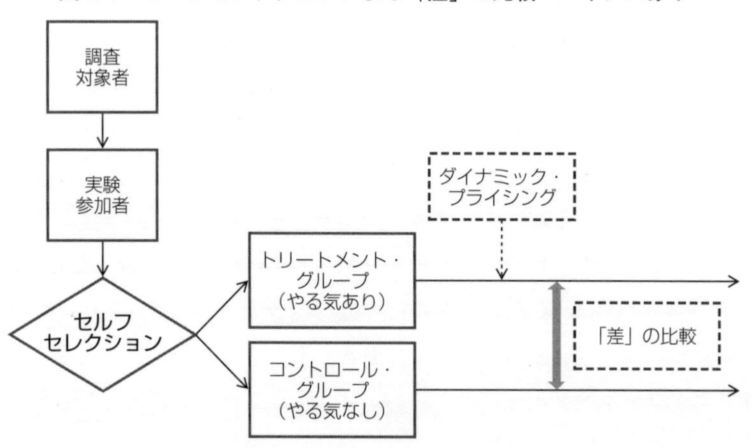


ダイナミック・プライシングをトリートメントとした節電行動のフィールド実験について，図を用いて説明しよう。図 2-1 は，自己選抜を用いて，やる気のある人がトリートメント・グループに入り，やる気のない人がコントロール・グループに入るという「悪い実験」である。やる気のある人だけが，トリートメント＝ダイナミック・プライシングを受ける。その結果，当然，トリートメント・グループの実験協力者は，待ち構えていたかのように，ダイナミック・プライシングに反応し，その節電効果は非常に大きくなる。そのとき，トリートメント・グループとコントロール・グループの電力消費量の差をとったトリートメント効果は「セルフセレクション（Self-selection；自己選抜）」のバイアスを含んでいる。これでは，正しくトリートメントの政策効果が測れない。

図 2-2 は，ランダム化を用いて，やる気のある人もやる気のない人も均等に，トリートメント・グループとコントロール・グループに入るという「よい実験」である。やる気のある人もやる気のない人も，均等にトリートメント＝ダイナミック・プライシングを受ける。その結果，トリートメント・グループとコントロール・グループの電力消費量の差をとったトリ

図2-2　ランダム化による「差」の比較＝バイアスなし

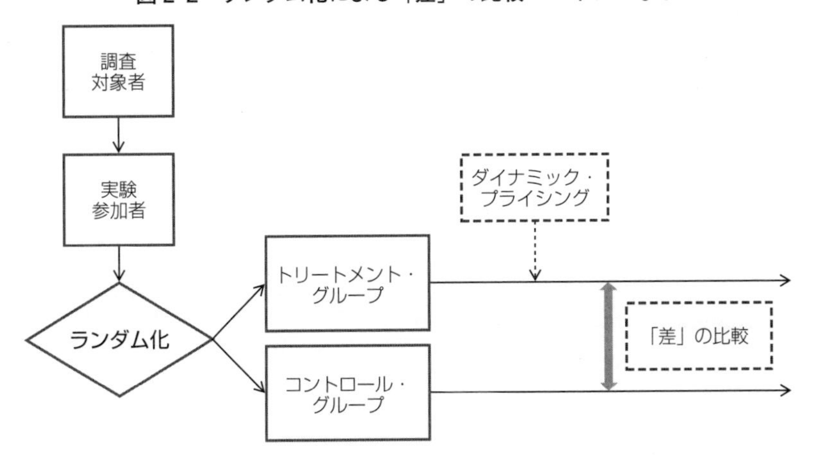


ートメント効果はセルフセレクションのバイアスを含んでおらず，トリートメント効果を正しく測ることができる。これがランダム化の強みである。

フィールド実験の第2の強みは，研究者や政策担当者が，「どんな問いに対して答えを出したいのか？」という視点から，自ら研究に必要なデータをつくり出せることにある。通常の経済データ（例えば政府による統計調査）は，ある特定の問いの検証を想定してつくられてはいないが，フィールド実験では，研究者や政策担当者が問いを想定し自由に実験を設計して，データを収集することが可能である。因果性のはっきりした答えを知りたい問題を自分で設定し，自分で運営し，自分で分析する。まさに，フィールド実験の醍醐味であるが，相手のあることでもあるので，その苦労は計り知れない。苦労の末，自分で立てた仮説が検証されたときの喜びは，他人が収集した統計データを分析するだけでは得られないものである。

フィールド実験の第3の強みは，「フィールド（Field）」で実験が行われることである。経済学では，実験室で行われる実験を「ラボ実験（Laboratory Experiment）」，実験室ではなく，実際の経済環境（フィールド）で行われる実験を「フィールド実験（Field Experiment）」と定義する。ラボ実

### Column ②　コントロール・グループを置くという考え方

RCT を実施するために日本の各所をまわった際，当初予想していたのはグループ分けを無作為に行うという部分をいかにして納得してもらうかであった。しかし，実際に霞が関や地方自治体等をまわった際に感じたのは，グループ分けのやり方以前に，コントロール・グループを置くという発想がそもそも存在しないということであった。

予算を執行する政策担当者の立場からすると，せっかくついた予算だから，できるだけ多くの人たちにトリートメント（新しい電力料金や補助金等の政策）を経験してもらいたい，という考えが定着している印象を受けた。これは，公共機関に勤める職員の人たちの公共への善意から来ているもので悪意はない。

しかし皮肉なことに，どんなによい政策（トリートメント）でも，コントロール・グループを設置しないと，「この政策の効果はこんなにあるのだ」という政策効果の科学的実証ができないのである。つまり，公共性の視点からすべての人にトリートメントを与える現状のやり方では，政策自体の効果は永遠にわからないというジレンマに陥るのである。長期的視点からいえば，このようなやり方を続けていくと，「全員がトリートメントを受けられるけれども，そのトリートメントに本当に政策効果があるのかはわからない」という状況になり，税金を使った公共政策のあり方としてはよい方向に向かわない。

この点は，一度説明を受けると「なるほど」と納得する点なのだが，日本の多くの公共機関で働く人たちの発想にはあまりないと感じた。完璧な RCT ができない場合でも，われわれが北九州市で行った実証実験（第 3 章参照）のように，コントロール・グループを最初の数年だけ設けて，最後にはコントロール・グループの住民にもトリートメントに入ってもらうという「フェーズイン型 RCT」も存在する。政策の効果をきっちりと実証するためにコントロール・グループは不可欠なのだという発想が定着していけばよいと願う。

験はいろいろな実験設計が比較的安価に，自由に実現できる強みがあるが，実験室内の実験協力者の行動が，実際のフィールドの行動と違ってしまう懸念がある。一方で，実際の経済活動，例えば，消費者の日常生活の中でトリートメントの介入を行うフィールド実験では，非常にリアルな効果を検証できる，という強みがある。

## 2　フィールド実験を設計する

アメリカでは，以上のような利点が1980年代から認識され始め，労働経済学・公共経済学・行動経済学・開発経済学・医療経済学・環境経済学等，多くの経済学研究でフィールド実験が用いられている。他方で，日本では，エビデンスに基づいた政策論が浸透しておらず，フィールド実験もほとんど普及していないばかりか，その設計方法もまだ十分に知られていない。では，実際に実験を行いたい場合は，どのようなプロセスとなるのか？ 以下，フィールド実験の実際の運営プロセスについてみていこう。

まず，実験設計者として最初に取りかかるべきことは，研究課題である「リサーチ・クエスチョン（Research Question）」の検討と，その問いに答えるための実験設計の構築である。具体的には，以下の5つのポイントが重要となる。

(1)　検証したいリサーチ・クエスチョンは何か
(2)　収集すべきデータの種類は何か
(3)　問いの検証のために必要なトリートメントは何か
(4)　トリートメント効果を統計的にテストするのに必要なサンプル数はどれだけか
(5)　どのような統計学的手法を使えば仮説を検証できるか

特に，(3)と(4)は重要である。実験設計者は往々にして，多くの種類のトリートメントを試したい欲求にかられる。ただし，トリートメントの種類が増えるほど，各トリートメント間において統計的に有為な差が出るかについて検証するための必要サンプル数は膨大になる。よって，実験設計の段階で，トリートメントの種類と必要サンプル数のトレードオフを計算しておくことが重要である[3)]。

さて，実験設計が固まったら，次に必要なことは2つある。1つ目は実験を行うにあたって協力をしてくれるパートナーをみつけることである。多くの場合，フィールド実験を研究者だけの手によって行うことは難しい。政府，企業，NGO等の機関の協力を仰ぐ必要がある。当然ながら，研究者の掲げた問いに，パートナーとなる機関が関心をもってくれることが必要になる。例えば，政策担当者も同様の問いに関心があって，政策立案に活かしたいと思っている。あるいは，企業やNGOの実務家も同様の問いに関心があり，今後の企業運営やNGOの運営に活かしたい，という共通の関心があれば共同作業を行える可能性がある。

2つ目は，実験遂行に必要となる資金の獲得である。なぜならば，新しい技術やサービスの導入のためには，大きな費用がかかるし，フィールドの実験協力者の参加を促すために，謝金が必要になる。資金調達の方法としては，研究者側が大きな研究資金を獲得し，フィールド実験の運用にあてることや，協力機関のプロジェクトとして実験を行うことで，間接的に協力機関から資金を出してもらうことが考えられる。日本やアメリカの先進国で，大規模なフィールド実験を実施するには，億単位の費用が必要になることも多い。

以上の2つの点とあわせて，実験の運営においては，「象牙の塔の研究室にこもって，黙々と作業する」という従来の研究者像とは大きく異なっ

3)　必要サンプル数の統計的計算方法は，Duflo, Glennerster, and Kremer (2008) が簡潔でわかりやすい解説を行っている。

た手腕が必要になる。われわれは，経験上，どちらかというと，このプロセスは，「現場の最前線で，投資家を説得し，部下に指示を与える」というベンチャー企業の経営者のタスクと似ているのではないかと感じている。自分のアイディアを他分野の人へもわかりやすく解説し，多くの人たちの協力を得ることが必要なのだ。このような作業が，フィールド実験を用いた研究の楽しさであり，大変さでもある。

もう一点，フィールド実験を使った研究が通常の実証研究（既存の観察データを用いた研究）と異なるのは，分析手法のアイディアが先にあり，データが最後にくることである。フィールド実験特有のこのプロセスのよい点は，自分の分析手法や想定する結果に合致するデータを探す，という非科学的なプロセスを極力抑制し，経済学の実証研究をより科学的検証に近づけられる点である。一方で，このプロセスの残酷な点は，データが最後に来るので，数年を実験設計と運営に費やした結果，分析結果からは芳しいことがいえない，というケースも大いに考えられる。特に，限られた時間の中で成果を求められる若手の研究者にとって，このリスクは見過ごせない[4)]。

## 3 フィールド実験の歴史をひもとく

さて，ここで，フィールド実験の歴史に立ち返って，今のブームにつながる流れを見てみよう。学問の歴史は，一朝一夕ででき上がるものではない。多くの先人の汗と涙があればこそ，新しいブレークスルーが生まれてくる。

---

4) 往々にして，研究者は期待どおりに行かなかった実験結果を報告したがらない。これを「出版バイアス（Publication Bias）」と呼ぶ。実際には，効果が出なかったRCTの結果もエビデンスとしては価値がある。

近代統計学の父　ロナルド・フィッシャー
（Wikimedia Commons）

今のフィールド実験ブームは，三度目の正直なのである[5)]。第1次のブームは，1920年代，イギリスで生まれた。近代統計学の祖，ロナルド・フィッシャー（Ronald Fisher）は，進化生物学や遺伝学にも優れた業績を残したが，効率のよい実験方法を設計する実験計画法でも大きな業績を残した（写真）。特に，フィッシャーが1935年に出版した『実験の設計（*The Design of Experiments*）』（Macmillan）が有名である。

フィッシャーは，主に農業の分野で，ランダム化することの重要性を説いた。今日，RCTの別名として，フィールド（田畑）実験という名称が使われているのはその名残ともいわれる。フィッシャーの逸話として，一番よく伝わっているのは，「ミルクが先か」「紅茶が先か」の問題にランダム化を活用したことである。

時は1920年代，場所はイギリスのロザムステッド。紳士と淑女がティーパーティーを開いていたときのことである。一人の婦人が，「カップには，先にミルクを入れておき，後から紅茶を入れた方が，その逆よりも美味しい」と主張した。周りの紳士たちは，どちらが先でも同じことではないかと嘲り，婦人のいうことをまじめに取り上げなかった。そんな中，一人，小柄のメガネをかけた髭面の学者が，それならば確かめてみようと実験することを提案した。それが，フィッシャーであった。

先にミルクを入れたカップと先に紅茶を入れたカップが用意され，順番

5）　フィールド実験の歴史はLevitt and List（2009）に詳しい。

をランダムに並べた。婦人は，でたらめな順番に並べられた2種類のカップで紅茶を嗜みながら，飲んでいるのがどちらのカップか，全問正答してみせた。5杯のカップを偶然で当てる確率は1/2の5乗＝1/32＝3.1％。10杯のカップを偶然で当てる確率は1/2の10乗＝1/1024＝0.1％。これだけの小さな確率にもかかわらず，全問正解したということは，婦人の主張が偶然ではなく正しかったと考えてよい。

実際に，2003年6月24日，イギリスの王立化学協会は，「完璧な紅茶の入れ方」を発表し，ミルクのタンパク質は摂氏75度になると変質するので，先に熱い紅茶を入れ，後からミルクを注ぐよりも，先にミルクを入れ，後から熱い紅茶を注いだ方が，ミルクのタンパク質が変質しにくいために，より美味しい紅茶となることを証明してみせた。

第2次のブームは，第2次世界大戦後の1960年代，アメリカとイギリスで始まった。第2のフィッシャーは，ヘザー・ロス（Heather Ross）という名前のマサチューセッツ工科大学の大学院生だった。ロスは，負の所得税が労働供給に与える影響を調べるために，RCTを実際の社会の中で行い，負の所得税を導入すると，負の労働供給効果をもつことを証明した。この事例は，社会の中で行う大規模なフィールド実験，いわゆる「社会実験（Social Experiment）」の嚆矢となった。アメリカでは税制や雇用の政策で，イギリスでは電力料金の政策で，いくつもの社会実験が行われた。

ここでは，有名なRAND研究所の社会実験を説明しよう。RANDの社会実験は，ハーバード大学のヨゼフ・ニューハウス（Joseph Newhouse）が主導した，医療保険と医療需要の関係の分析である。

この社会実験は，1971～86年に，アメリカの6市に住む2750世帯の5809名を対象に，医療費に占める自己負担の割合が，医療の受診行動にどのような影響を与えるのかを調べる目的で実施された。この実験には，現在のドル換算で約300億円（約3億米ドル）の予算が投じられたともいわれる。

参加者の自己負担が0%，25%，50%，95%のいずれかになるように，医療保険プランを参加者にランダムに割り当て，それぞれのグループごとに，受診行動，医療機関への支払額，健康状況がどのように変化するかを調べた。その結果は興味深いもので，自己負担割合が高くなると，医療の受診は抑えられ，医療費も低くなるが，健康状態はさほど悪影響を受けないというものであった。

## 4　第3次フィールド実験ブーム来たる

現在にもつながる第3次のブームは，1980年代の計量経済学批判に端を発する。シカゴ大学の労働経済学者であるロバート・ラ・ロンデ（Robert La Londe）は1986年に学術雑誌 *American Economic Review* で発表した論文の中で，ランダム化が不十分な従来の計量経済学の分析結果はバイアスを有し，正しくないことを論じた[6)]。意欲の高い者がトリートメントを優先的に受けることによって，トリートメントの効果が高めに出ることを「セルフセレクション・バイアス（Self-Selection Bias）」と呼んだ。実験協力者をランダムにトリートメントを受けるグループと受けないグループに振り分ければ，このセルフセレクション・バイアスの問題を避けることができる。これを「内的妥当性（Internal Validity）」という。

セルフセレクション・バイアスを避けるためには，RCTを行うことが最良の方法であるが，そこにいたるまでには，いくつかの中間的な問題解決法が提案されてきた。最初に提案された解決方法は，「操作変数法（Instrumental Variable Method；IV法）」である[7)]。ここでいう操作変数（IV）とは，実験協力者がトリートメントを受けたいというやる気に影響するが，トリートメントを受けた後の効果には直接影響しないような変数のことで

6)　La Londe（1986）を参照。
7)　Imbens and Angrist（1994）を参照。

ある。例えば，ダイナミック・プライシングのトリートメント・グループに割り当てられたが，トリートメントを受けるかどうかは自発的意思に委ねられるようなケースを想定しよう。この場合，トリートメント・グループとコントロール・グループへの割り当てがIVである。まず，被説明変数を意思決定の内生変数であるトリートメントを「受ける／受けない」の二値変数として，それを説明変数のIVに回帰し，その推定結果を用いて，内生変数を予測する。続いて，被説明変数を測定したい政策効果として，それを説明変数である先ほど求めた内生変数の予測値に回帰する。このような二段階最小二乗法を用いれば，セルフセレクション・バイアスを避け，内的妥当性の問題を解決できる。

続いて，用いられる方法は，「不連続回帰法（Regression-Discontinuity Design; RDD）」と呼ばれ，予算が足りないとか，倫理面で問題があるとか，何らかの事情でランダム化が行えない場合，トリートメントを受けるかどうかの閾値を探し，その閾値の両側の近くのデータを比較することで，擬似的にランダム化したのと同じ状況とする方法である[8)]。このような方法を「擬似実験（Quasi Experiment）」と呼ぶ。

最後に，社会実験と対をなして，よく用いられる方法は，「自然実験（Natural Experiment）」である[9)]。ランダムなトリートメントの介入が意図的に行われたわけではなく，ランダム化が自然に行われた実験のことをいう。政策効果を測定するために，管理された社会実験ではなく，偶然にランダム化された自然実験のデータを探し出す。例えば，徴兵された経験がその後の所得に与える影響を調べた有名な研究がある[10)]。一般に，失業や低所得のため，兵役に志願するのはセルフセレクションである。しかし，ベトナム戦争の徴兵の仕組みは，365日の中からからくじ引きで選んで，

---

8）Campbell (1969), Angrist and Pischke (2009)（邦訳：アングリスト・ピスケ，2013）を参照。

9）Dunning (2012) を参照。

10）Angrist (1990) を参照。

その日が誕生日である人が徴兵されるというランダム化を採用していた。これは優れた自然実験の一例であり，その結果，徴兵された人の所得は，徴兵されなかった人に比べて，約15％低かった。

以上のとおり，セルフセレクションのために，内生性バイアスが発生しうる状況でも，内的妥当性を確保するさまざまな方法が探究されてきた。IV法も，RDDも，自然実験も，1980～90年代以降，ミクロ計量経済学の手法として定着したが，それらがうまく内生性バイアスの問題を解決できるかどうかは，ひとえに適切なIV，RDD，自然実験的な状況をみつけることができるかどうかにかかっている。世の中，そううまくはいかずに，経済学的に興味深いリサーチ・クエスチョンを探すよりも，手頃なIV，RDD，自然実験を探すという本末転倒なことが起きるようになった。ここまで来れば，ランダムに割り当てられるIV（トリートメント）を自ら設計した方がてっとり早い。これが，第3次フィールド実験ブームの背景である。

さて，フィールド実験が最も精力的に活用されている分野は開発経済学である。もともと，開発経済学の分野では，1970年代から，RCTではないものの，現地のフィールド調査を通じて，発展途上国の長期パネル・データを収集し，分析する伝統があった[11)]。その代表例が，ロバート・タウンゼンド（Robert Townsend）がインドで手がけた国際半乾燥熱帯作物研究所（International Crops Research Institute for the Semi-Arid Tropics; ICRISAT）や速水佑次郎がフィリピンで手がけた国際稲研究所（International Rice Research Institute; IRRI）だという[12)]。開発経済学のフィールド実験の草分けとして，ハンス・ビンスワンガー（Hans Binswanger）がICRISATで，リスクのラボ実験を農民対象に実施した事例があげられ

11）　開発経済学におけるフィールド実験の経緯は，依田・澤田（2015）の対談中の澤田氏の解説に詳しい。

12）　Townsend（1994）を参照。

る[13)]。そうした伝統が結実したのが，マサチューセッツ工科大学のアビジット・バナジー（Abhijit Banerjee），エスター・デュフロ（Esther Duflo）らが2003年に設立したアブドゥル・ラティフ・ジャミール貧困アクションラボ（Abdul Latif Jameel Poverty Action Lab; J-PAL）である[14)]。J-PALは，開発経済政策をRCTで評価し，さまざまなエビデンスを蓄積する開発経済学の研究センターである。J-PALでは，2016年3月現在，66カ国で，734のRCTが実施されている。

また，現在の第3次ブームに大きな影響を与えたフィールド実験は，メキシコの貧困削減政策プログラムPROGRESAである。経済学者であり，メキシコの財務副大臣を務めたサンティアゴ・レヴィ（Santiago Levy）は，1997年に条件付現金給付政策のフィールド実験を始めた[15)]。条件付現金給付とは，子供の学校の出席率を条件づけた，生活保護である。レヴィは，メキシコの政権が交代しても，PROGRESAが続き，客観的なエビデンスを提供できるように，RCTを導入した。具体的には，プログラムの開始時期をランダムに割り当て，導入時期のギャップを利用して地域間の比較をできるようにした。フィールド実験から得られたデータを分析した結果，貧困層の人口が減る一方で，就学率が増加し，児童労働が減少したこと等，PROGRESAに肯定的な政策評価が得られた。PROGRESAは，経済学者にとって精度の高いRCTデータを提供し，フィールド実験と構造推定モデルとの融合等，経済学の発展にも大きく寄与している[16)]。

---

13）Binswanger（1981）を参照。

14）Banerjee and Duflo（2011）（邦訳：バナジー・デュフロ，2012）を参照。

15）Levy（2006）を参照。

16）構造推定とは，動学的最適化モデルから得られる構造パラメータを直接，計量経済学的に推定する分析方法である。PROGRESAデータを構造推定した革新的な研究として，Todd and Wolpin（2006）を参照。

## 5　フィールド実験の位置づけ

伝統的経済学と対比して，フィールド実験の特徴を位置づけてみよう。シカゴ大学のジョン・リスト（John List）たちは，表2-1のように，2つの基準で伝統的経済学とフィールド実験の政策評価手法の一長一短を鮮やかに分類してみせた[17]。

第1の基準は，何度か説明したとおり，「ランダム化」である。ラボ実験においては，実験協力者をランダムにコントロール・グループとトリートメント・グループに分けることにより，セルフセレクション・バイアスという内生性の問題をクリアできる。きれいに統制（コントロール）されたデータを使って，トリートメント効果を正しく測ることで，経済学的な仮説検証を正確に行うことができる。しかし，その弱点は，ラボで観察された行動は，現実社会でとられる行動とは違うのではないかという批判に答えられないことだ。ラボ実験では，大学生が実験協力者となる場合が多く，一般人が実際の市場で売り買いしたり，会社で働いたりする行動とは大きく異なるはずだ。

第2の基準は，データの「リアリズム」を満たしているか否かである。計量経済学が伝統的に使ってきたのは，実際の市場で売り買いされた商品の価格や数量等，自然に観察されたデータなので，そのリアリズムは高い。ただし，それはランダム化されたデータではなく，トリートメントの「あり／なし」（With/Without）やビフォー／アフターの比較対照しかできないので，内生性の問題をはらむという弱点がある。

既述のとおり，内生性の問題を避けるために，1980年代から90年代に

17）Harrison and List (2004)，List (2006)，Levitt and List (2009)，List (2011) を参照。

**表2-1　フィールド実験の位置づけ**

<table>
<tr><td colspan="2">統制データ　←→</td><td>自然発生データ</td></tr>
<tr><td colspan="2">ランダム化</td><td>非ランダム化</td></tr>
<tr><td>非リアリズム</td><td colspan="2">リアリズム</td></tr>
<tr><td rowspan="4">ラボ実験</td><td rowspan="4">フィールド実験</td><td>自然実験</td></tr>
<tr><td>マッチング法</td></tr>
<tr><td>操作変数（IV）法</td></tr>
<tr><td>構造推定</td></tr>
</table>

（出所）　Harrison and List（2004）を参考に作成。

かけて，さまざまな分析方法が提案されてきた。表2-1では，自然発生データの列で，4つの方法があげられている。第1は，実験者がランダム化をしたわけではないが，偶然にランダム化をした自然実験である。第2は，ランダム化ができないので，属性が似たデータのペアで比較対照するマッチング法である。第3は，説明変数のもっている内生性を，説明変数とは相関するが，誤差項と相関しないIVを用いて，内生性を回避するIV法である。第4は，観察されるデータだけでは，内生性の問題を実証的に解決できない場合に，最適化モデルを解いて，構造パラメータを直接推定する構造推定である。

このように，厳密にコントロールされた環境で行われるラボ実験から，現実に観察される自然発生データに計量経済学的工夫を使って，因果性を同定する手法までさまざまな方法があるが，フィールド実験はランダム化とリアリズムというメリットを併せもつという大きな利点がある。そういう意味では，フィールド実験は内生性の問題を解決し，因果性を特定化するうえで，「最強の経済学」なのである。

続いて，表2-2に従って，フィールド実験を分類してみよう。フィールド実験は，第1に，実験協力者が一般人かどうか，第2に，実験の作業は現実の生活の中で観察されるかどうか，第3に，実験協力者は自分が実験に参加していることを自覚しているかどうか，という3つの基準で，フィールド実験を3種類に分類できる。

表2-2　フィールド実験の3分類

| | 人工型<br>(Artefactual) | 枠組み型<br>(Framed) | 自然型<br>(Natural) |
|---|---|---|---|
| 一般参加者 | ○ | ○ | ○ |
| タスクの現実性 | × | ○ | ○ |
| 実験参加の自覚なし | × | × | ○ |

（出所）　Harrison and List (2004) を参考に作成。

第1のフィールド実験は，「人工型フィールド実験（Artefactual Field Experiment)」と呼ばれる。人工型フィールド実験では，ラボ実験とは異なり，一般人が実験協力者となる。例えば，金融投資の問題ならば，実際の投資家が対象になるし，農業生産の問題ならば，農家が対象となる。しかし，実験の対象となる作業には，リスク選択の問題等，ラボ実験の課題を用いる。また，当然，実験協力者は，自分が実験に参加していることを自覚している。人工型フィールド実験は，ラボ実験を実際のフィールドで行うものと考えてよい。

第2のフィールド実験は，「枠組み型フィールド実験（Framed Field Experiment)」と呼ばれる。枠組み型フィールド実験では，一般人が現実の作業を行う形で，実験に参加する。したがって，このタイプのフィールド実験は，ラボ実験よりもはるかに現実妥当性が高い。しかし，この実験協力者は，自分が実験に参加していることを自覚しており，しばしば自ら望んで実験に参加したり，実験参加に対する報酬を受け取ったりする。

この枠組み型フィールド実験で問題になるのは，「ホーソン効果（Hawthorne Effect)」と「外的妥当性（External Validity)」である。ホーソン効果とは，アメリカのホーソン工場で，労働者の生産効率性を上げるために行われた実験で，実験協力者は実験に参加し，監視され，期待されることから，自ずと労働効率性を高めることがわかったことから名づけられた効果である。また，外的妥当性とは，実験サイトや実験協力者の一般妥当性のことであり，希望参加を募ることや参加報酬を与えることが，実験から得られた結果の一般妥当性を損なうことが懸念されることをいう。RCTの枠組みの内側で，この外的妥当性の問題を完全に解決することは難しく，同じようなRCTを繰り返し行い，それらのデータを用いて，メタ分析を行うことが必要だ。

第3のフィールド実験は，「自然型フィールド実験（Natural Field Experiment）」と呼ばれる。自然型フィールド実験は，一般人が現実の作業を行う形で実験に参加する点では，枠組み型フィールド実験と同じだが，実験協力者が実験に参加していることを自覚しない点で異なる。このような状況下では，ホーソン効果は発生しないので，よりトリートメントの効果を正しく測ることができる。

しかしながら，実験協力者の同意をとらずに実験に参加させることは，実験倫理上の問題をはらむ。第2次世界大戦時，ナチス・ドイツが行った人体実験に対する反省から，研究目的の臨床研究では，1947年に実験協力者の同意であるインフォームド・コンセントを必要とする「ニュルンベルク綱領（Nuremberg Code）」が定められた。ラボ実験であれ，フィールド実験であれ，実験協力者に実験の目的やリスクを事前に説明して，実験参加への同意を得ておくことが必要である。こうした視点に立てば，ホーソン効果を考えて，自然型フィールド実験が望ましいとしても，実際には，実験協力者の同意を必要とする枠組み型フィールド実験を用いるべきであろう。

## 6　実際にフィールド実験を行う

さて，一般論を述べるのみではみえてこない部分も多いので，ここではわれわれが携わっている電力・エネルギーの分野のプロジェクトを例にして，フィールド実験の実際を述べてみたい。ここで紹介するのは，われわれがフィールド実験を設計した横浜市・豊田市・けいはんな学研都市・北九州市における家庭の節電行動に関する枠組み型フィールド実験である。

本実験は，経済産業省が進めるスマート・コミュニテイ・プロジェクトの一環として行われ，資金提供機関，地方自治体，企業との共同作業として実験運営が行われた。すでに述べたとおり，フィールド実験はパートナーとの共同作業なしでは成り立たない。本実験もそのよい例であり，以下の解説をみていただければわかるように，研究パートナーの尽力がなければできないプロジェクトである。ここでは，本実験で扱う「電力のダイナミック・プライシング（Dynamic Pricing）」の実験概要を解説し，詳細な実験設計は次章以降に回そう。

一般に，電力供給において，発電したり送電したりする費用は，需要のピーク時ほど高く，オフピーク時ほど低いことが知られている。ところが，消費者が通常支払っている電力価格（kWh あたりの電力量料金）を考えてみてほしい。ほとんどの人たちが，時間に応じて変動がない一律の電力価格を支払っているはずである[18)]。よって，通常の電力価格では「価格が限界費用に一致しない」状況が常時発生していることになる。第1章でもふれたが，ダイナミック・プライシングとは，電力価格を時間によって変動させる仕組みであり，簡単にいえば，発電費用が高いときには高い電力価格を設定し，その代わり，それ以外の時間帯（発電費用が低い時間帯）では通常料金よりも割り引かれた価格を設定するという，いわば，費用に応じて価格にメリハリを付ける仕組みである[19)]。

ここで紹介する実験はすべて枠組み型フィールド実験である。実験協力者が実験に参加していることを自覚する枠組み型実験でも，実験協力者が

18）電力価格は公共料金なので，月間電気使用量に応じて，電力価格が逓増する福祉型料金が設定されているが，時間帯別の電力価格は発電費用にかかわらず一律であることが多い。

19）一律電力価格時の実績電気使用量を前提に，割高なピーク価格と割安なオフピーク価格を用いて再計算し，その両者で月間電気代が一定であることを「収入中立性（Revenue Neutrality）」と呼ぶ。

トリートメント・グループに割り当てられ，トリートメントを受けるかどうかについて選択権（オプトイン）を認めるかどうかで，「強制型実験」と「オプトイン型実験」に分けることができる。ここでは，前者から説明していこう。

まず，われわれはそれぞれの都市で，実験協力者を募る必要がある。繰り返しになるが，ここで2つの問題が発生する。もともと，このフィールド実験は，スマートグリッドの導入に熱心で，省エネに前向きな都市で実験が行われるので，フィールド実験の分析結果の外的妥当性が問題となる。そのうえ，実験協力者が自ら進んで実験に参加するので，実験協力者は自分の意思で実験に参加して，もしトリートメント・グループに割り当てられれば，ダイナミック・プライシングを受けることになる。その場合，ホーソン効果が発生する可能性が高い。こうした外的妥当性とホーソン効果は，この枠組み型フィールド実験の内側で解決することはできないので，フィールド実験を繰り返しながら，実験結果の一般妥当性に関する合意を深めていく必要がある。

さて，話を元に戻して，トリートメント・グループに割り当てられた実験協力者は必ずトリートメントを受ける強制型フィールド実験では，実験協力者がランダムにコントロール・グループとトリートメント・グループに割り当てられる。したがって，世帯所得のような目にみえる属性，節電意欲のような目にみえない属性も，それぞれ均等にコントロール・グループとトリートメント・グループに配分されているはずだ。

ここで，注意すべきは，実験協力者の希望に従って，グループの移動を許してはいけないことである。しばしばあることだが，参加を希望した実験協力者がコントロール・グループに割り当てられると，やる気を失ってしまい，トリートメント・グループへの変更を希望する。逆に，トリートメント・グループに割り当てられた実験協力者が怖じ気づいて，コントロール・グループへの変更を希望することもある。これらグループ移動の希望を認めることはランダム化のメリットを破壊し，セルフセレクション・

図 2-3　強制型フィールド実験

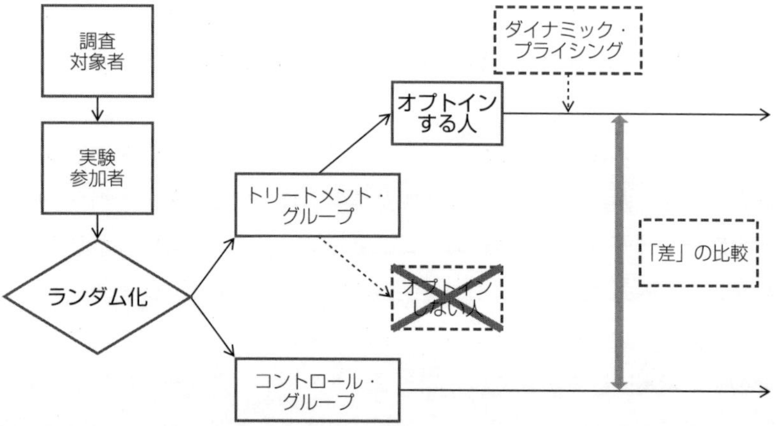

バイアスを生んでしまう。そこで，強制型フィールド実験では，一度割り当てられたグループからの変更を許さず，コントロール・グループではトリートメントを受けられず，また，トリートメント・グループでは必ずトリートメントを受けなければならないことになる。

図 2-3 に描かれているように，ダイナミック・プライシングのフィールド実験の例でいえば，コントロール・グループでは，実験協力者は一律電力価格を受け，トリートメント・グループでは，実験協力者はダイナミック・プライシングを受ける。トリートメント・グループに割り当てられた実験協力者は，トリートメントが嫌だからといってオプトインしない自由は許されないので強制型と呼ばれる。この場合，RCT では，トリートメント・グループがランダムに割り当てられているので，トリートメントの介入が行われる時間帯で，2 つのグループの時間あたりの電力消費量の差を比較すれば，それが，われわれの知りたいトリートメント効果，つまりダイナミック・プライシングによるピーク時の電力消費量の削減量を表すことになる。これを「平均の差（Difference in Mean）」と呼ぶ。

さて，ここで，注意したいことがある。実験協力者のグループの割り当てを行う前から，時間帯別の電力消費量の観測を行っておけば，より正確にトリートメント効果を推定できる。というのも，サイコロを振って，実験協力者をコントロール・グループとトリートメント・グループにランダムに割り当てても，どうしてもサイコロのいたずらで完璧に属性が均等になるとは限らない。実験協力者の数が非常に多い場合には問題にならないが，その数が少ない場合には，想像以上にサイコロのいたずらが属性のランダム化に及ぼす影響は大きい。その場合でも，トリートメント開始前のデータがあれば，トリートメント・グループのトリートメントを受ける前後の差（例えば，ダイナミック・プライシングを受ける前後の電力消費量），コントロール・グループの同じ期間の前後の差（例えば，一律電力価格を受け続けたときの電力消費量），さらに，それら両方の「差の差（Difference in Difference)」をとれば，サイコロのいたずらの影響は大幅に除去することができる。

## 7　オプトイン型フィールド実験を行う

続いて，トリートメントを受けるか受けないかの意思決定について，オプトインを許すことを考えてみよう。強制型とオプトイン型の違いは，後者では，コントロール・グループまたはトリートメント・グループのどちらかに割り当てられた後，グループの変更は認めない点は同じであるものの，トリートメント・グループの中で，トリートメントを受けるかどうかの選択を認める点である。具体的には，トリートメント・グループに割り当てられた実験協力者のうち，ダイナミック・プライシングを受けたい者だけがダイナミック・プライシングを受ける方法で，オプトイン型フィールド実験と呼ぶ。

図 2-4 に描かれているように，実験協力者がランダムにコントロール・グループとトリートメント・グループに割り当てられる。先に述べたよう

図 2-4　オプトイン型フィールド実験

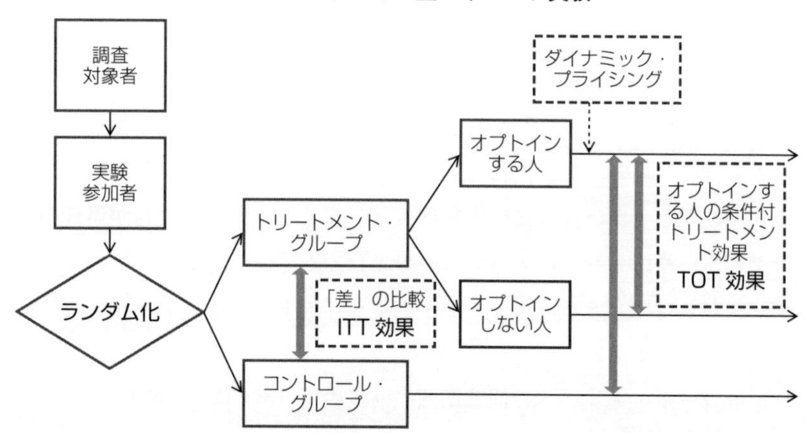


（注）TOT 効果の推定には，グループの割り当てを操作変数（IV）として，二段階推定法を用いる。

にオプトイン型フィールド実験では，トリートメント・グループの実験協力者のうち，ダイナミック・プライシングを受けたい者だけがオプトイン参加を表明する[20)]。オプトイン参加を拒否したり，期限までに参加意思を明らかにしなかった者は，以前のまま，一律電力価格を受けることになる。なお，われわれのオプトイン型フィールド実験では，コントロール・グループに割り当てられた実験協力者がトリートメントを受けることは許されていない[21)]。

このような場合，トリートメント効果を考えるうえで，2つの種類がある。第1の効果は，ランダム化によって，トリートメント・グループに割り当てられた全員の実験協力者の電力消費量と，コントロール・グループの実験協力者の電力消費量の差である。これは，トリートメントを受ける

20）トリートメント・グループの中で，トリートメントにオプトインした実験協力者を「承諾者（Complier）」と呼ぶ。

21）トリートメント・グループでトリートメントを拒否できる場合を「片側非承諾（One-sided Noncompliance）」，加えて，コントロール・グループでトリートメントを受けられる場合を「両側非承諾（Two-sided Noncompliance）」と呼ぶ。

／受けないにかかわらず，トリートメント・グループに割り当てられた実験協力者のトータルなトリートメント効果を表し，「Intention to Treat（ITT）効果」と呼ばれる。

また，第2の効果は，トリートメント・グループに割り当てられ，その中でトリートメントを受けることをオプトインした実験協力者の電力消費量の条件付効果である。この効果は，トリートメントを実際に受けた実験協力者のネットなトリートメント効果を表し，「Treatment on the Treated（TOT）効果」と呼ばれる。

トリートメントのトータルな効果を表すITT効果は，

オプトイン率＝トリートメント・グループのうち，
オプトインする比率
TOT効果＝オプトインした実験協力者のトリートメント効果

に分解され，

ITT効果＝オプトイン率×TOT効果

として定義される。例えば，オプトイン率が20％で，TOT効果が20％ならば，ITT効果は20％×20％＝4％となる[22)]。以上の数式展開は，すべて巻末のAPPENDIXに譲る。

22）ここでは，トリートメント・グループに割り当てられた実験協力者の中で，自発的にオプトインする者がトリートメントを受ける場合を議論した。他方で，トリートメント・グループに割り当てられた実験協力者の中で，自発的にオプトアウトする者がトリートメントを受けない場合も同様に議論できる。両者の違いは，デフォルト（初期値）をトリートメントを受けない方（オプトイン型）に置くか，トリートメントを受ける方（オプトアウト型）に置くかにある。

## 8　フィールド実験と行動経済学

フィールド実験は，行動経済学と相性がよい。フィールド実験には，こうなるだろうという人間の行動に関する仮説が必要であるが，その結果は往々にしてわれわれの期待を裏切ることが多い。人間行動は「不思議」で満ち満ちている。

伝統的経済学では，人間を合理的な存在，つまり「経済人（Homo Economicus)」と考えた。経済人とは，完全情報，完全認知能力，完全情報処理能力をもち，効用を最大化するように行動し，決して後悔をしない存在である。他方で，行動経済学が研究の対象とする生身の人間は，「限定合理的（Bounded Rational)」である。完全情報をもたず，その認知にも「バイアス（Bias；偏り)」が生じる。そのような限定合理的な人間は効用最大化を行うのではなく，「ヒューリスティクス（Heuristics；経験則)」に基づいて満足化を行う。いくつか，ヒューリスティクスの例をあげよう。

行動経済学者のダニエル・カーネマン（Daniel Kahneman）は，3つの代表的なヒューリスティクスを紹介している[23)]。第1のヒューリスティクスは，「代表性（Representativeness)」である。代表性とは，人間が判断する際に論理や確率に従わず，サンプルAがタイプBにどのくらい似ているかとか，どのくらい典型的であるかという基準に依存してしまうことを表す。例えば，A子さんは35歳，結婚して5年，明るく社交的である。留学しMBAも獲得している。このとき，A子さんは「一児の母親かつキャリアウーマンだ」という確率が，「一児の母親だ」という確率よりも高く見積もられがちである。本当は，前者は後者の部分集合なので，前者の確率の方が低い。

23）Kahneman (2013)（邦訳：カーネマン，2014）を参照。

第2は，想起しやすさ（Availability）である。想起しやすさとは，心に思い浮かびやすい事象に過大な評価を与えてしまうことを表す。例えば，3文字目に「流」の字を使う四字熟語をあげてもらうときに，「○○流転」という条件と「○○流○」という条件を付けると，より制約的な前者の方が熟語を思いつきやすい。「生々流転」の他にも，「不易流行」，「行雲流水」等，3文字目に流の字を使う熟語はある。

第3は，「係留（Anchor）」である。係留とは，人間が最終的な解答を得る過程で，初期情報に依存し，出発点から目標点の間に十分な調整ができないことを表す。例えば，質問1では，「富士山の標高は3000 m以上か否か」という質問の後に「富士山の標高は何mか」を問う。質問2では，「富士山の標高は4000 m以上か否か」という質問の後に「富士山の標高は正確に何mか」を問う。実際の富士山の標高は3776 mだが，最初の質問の標高の情報に引きずられ，後者の方が，前者よりも高めの回答になる。

今説明したヒューリスティクス以外でも，フィールド実験で検証する人間の行動の説明原理として，行動経済学は非常に役立つ。第II部で詳述するが，節電行動を説明するには，以下のような行動経済学理論が利用される。

第1に，「内的動機（Internal Motivation）」である[24)]。内的動機とは，金銭等の「外的動機（External Motivation）」に依存せず，自身の道徳心，公共心，興味関心等に依存して誘発される行動のことである。例えば，暑い夏の昼間，電力供給が不足し，電力需給が逼迫しているときに，政府や電力会社が節電要請を出すことを考えよう。そのとき，消費者が節電するのは，価格やリベートのような外的動機ではなく，停電という社会的危機を救おうという内的動機からなのである。

第2に，「現状維持（Status Quo）バイアス」である[25)]。現状維持バイアア

24）Deci（1975）を参照。

25）「デフォルト・バイアス（Default Bias）」とも呼ばれる。

スとは，本当なら新しい行動をとった方がよいとわかっていても，現在の行動に固執することである。例えば，社会の電力利用の効率性を高めるためには，ダイナミック・プライシングに加入した方がよいとわかっていても，消費者は重い腰を上げて，現在加入している一律電力価格から変更しようとは思わないことである。

現状維持バイアスが発生するメカニズムを2点，指摘することができる。第1に，「情報摩擦（Information Friction）」がある。情報摩擦とは，情報を与えられても，認知能力の不完全性のために，その価値を十分に認知できずに，正しい行動をとることができない。例えば，ダイナミック・プライシングによって，家庭の電気代を減らすことができたり，社会の需給逼迫を緩和できたりすることを情報として与えられても，それらの価値を過小評価してしまい，既存の一律電力価格に固執してしまう。

第2に，「スイッチング・コスト（Switching Cost）」をあげることができる。スイッチング・コストとは，人間が現在の選択を新しい選択に変更する際，諸々の物理的あるいは心理的負担がかかってしまうために，既存の選択に固執する傾向が生まれることをいう。例えば，電力会社の契約に長期縛りが付いているために，電力会社を変更したいと思っていても，変更が妨げられてしまう。選択を変更するのが面倒臭いというのも，一種のスイッチング・コストだ。

このように，行動経済学的な説明は，実際のフィールド実験で観察されるさまざまな非最適化行動をうまく説明できるのだ。

## 9　フィールド実験は万能か

RCTを用いたフィールド実験は経済学の「黄金律（Gold Standard）」と呼ばれる。ランダム化は，セルフセレクションの問題を解決し，内的妥当性を保証する。20世紀に医薬の世界で起きたランダム化の静かな革命が，

21 世紀に経済学でも起きているともいわれる。

しかし，すべての経済学者が諸手をあげて，RCT の万能性に賛成しているわけではない。その代表例が，2015 年にノーベル経済学賞を受賞した開発経済学者アンガス・ディートン（Angus Deaton）である。彼は次のように語る。

「理想的な環境のもとでは，プロジェクトのランダム化された評価はプログラムやプロジェクトの平均効果の確信できる推定値を得るのに役立つ。この成功の代償は，焦点があまりに狭くあまりに局所的なので，開発の現場で何が働いているのかわからず，政策を設計できず，開発のプロセスの科学的知識を発展させないことである。」[26)]

フィールド実験は本当に黄金律だろうか？ この問題を再考したい。第 1 に，外的妥当性の問題である。RCT それ自体は，内的妥当性の問題を解決するが，結論の一般可能性を意味する外的妥当性の問題に対しては中立的である。むしろ，内的妥当性と外的妥当性には，トレードオフの関係があるとさえいえるかもしれない。というのも，理解を得るのが難しい RCT を実施できるのは，プログラムに興味があり，政策効果が高いと思われる実験サイトだからである[27)]。日本のスマートグリッド・フィールド実験に手をあげた実験サイトは，「環境未来都市」を宣言した横浜市のような特別な先進的都市である。そうした実験サイトで，トリートメント・グループに割り当てられた実験協力者は一生懸命期待に応えようと頑張るだろう。

しかしながら，セルフセレクションを含む観察データを利用した回帰分

26）Deaton（2010）から引用。

27）Allcott（2015）は，アメリカのエネルギー情報サービス会社 Opower の 111 の RCT フィールド実験の結果を用いて，サイトセレクション・バイアスが存在することを示した。

析結果はバイアスがある。こうしたセルフセレクション・バイアスがある推定結果をたくさん集めても内的妥当性は得られない。RCT はもともと内的妥当性を兼ね備えているが，外的妥当性を保証しない。唯一の解決策は，RCT を各地で繰り返し，エビデンスを積み重ね，メタ分析を実施することだ。RCT は内的妥当性を確保する一方で，エビデンスが増えれば増えるほど，外的妥当性の信頼性も高まる。

第2に，RCT は設計者にとって興味あるトリートメントの平均的な政策効果を教えてくれる。しかし，なぜそのような効果があるのか，メカニズムはわからない。効果の分析には，別途，理論的メカニズムが必要である。RCT では，ランダム化がうまくいったかどうかに注意が向けられがちであり，なぜそのような効果があるのか，あるいはないのかというメカニズムの解明が軽視されがちである。しかし，これも RCT それ自体の欠点というよりは，RCT を実施する研究者側の意識の問題である。RCT の方法論が普及し始めた当初は，ランダム化がうまくいくかどうかが課題であった。というのも電力会社も消費者も，最初のうちはトリートメントのランダム化を快く思わないからだ。

しかしながら，RCT のメリットが広く行きわたるようになると，ランダム化への抵抗は減るが，ランダム化それ自体が研究の質を保証するものではなくなり，むしろなぜランダム化からそのような政策効果が得られたのかに研究の力点が移るようになった。今や理論なきランダム化は受け入れられないのである。RCT は巨額な費用がかかり，しばしばやり直しがきかないだけに，実験前に理論メカニズムを慎重に検討しておくことが必要である。さらに，RCT を成功させるためには，トリートメントの数を欲張らないことだ。しかし，2つ，3つのトリートメントだけでは，政策評価をするうえで痒いところに手が届かない。こういうときに，構造推定モデルを考え，RCT の推定結果を拡張することも有望となろう。RCT と理論の結合こそ，経済学の進むべき道である。

第3に，RCT はトリートメントの直接的な政策効果を教えてくれる。

しかし，トリートメントの間接的な効果を知ることは難しい。つまり，トリートメント効果の部分均衡分析（木）のみに注意を奪われ，一般均衡分析（森）をみない失敗を犯す可能性がある。ダイナミック・プライシングはピーク時の電力消費量をカットするだろうが，オフピーク時の電力消費量を増やすかもしれない。ピーク時とオフピーク時の異時点に消費される電力を異なる財としてとらえれば，全体としての省エネを考えるうえで，一般均衡分析が必要だ。

しかしながら，これもRCTの設計段階での慎重さの問題である。ダイナミック・プライシングのピーク時の電力消費量だけではなく，オフピーク時の電力消費量を収集し，分析をすればよい。また，電力消費量だけではなく，ガス消費量のデータも収集できれば，より広い一般均衡分析ができる。

以上を踏まえて，われわれは次のように結論できよう。RCTは万能ではない。しかし，政策効果の因果性を同定するうえで非常に強力な分析ツールであり，慎重に限界をわきまえて使えば，経済学に大きな果実をもたらす。この意味において，RCTは経済学の黄金律だといってよい。

## 参考文献

アビジット・V・バナジー，エスター・デュフロ（山形浩生訳）（2012）『貧乏人の経済学――もういちど貧困問題を根っこから考える』みすず書房。

依田高典・澤田康幸（2015）「対談 フィールド実験のすすめ（世の中を変えよう！ フィールド実験入門）」『経済セミナー』2015年6/7月号。

ダニエル・カーネマン（村井章子訳）（2014）『ファスト＆スロー（上下）――あなたの意思はどのように決まるか？』（ハヤカワ・ノンフィクション文庫）早川書房。

ヨシュア・アングリスト，ヨーン・シュテファン・ピスケ（大森義明，田中隆一，野口晴子，小原美紀訳）（2013）『「ほとんど無害」な計量経済学――応用経済学のための実証分析ガイド』NTT出版。

Allcott, Hunt (2015) “Site Selection Bias in Program Evaluation,” *Quarterly Journal of Economics* 130(3): 1117-1165.

Angrist, Joshua D. (1990) "Lifetime Earnings and the Vietnam Era Draft Lottery: Evidence from Social Security Administrative Records," *American Economic Review* 80(3): 313-336.

Angrist, Joshua D., and Jörn-Steffen Pischke (2009) *Mostly Harmless Econometrics: An Empiricist's Companion*, Princeton University Press.

Banerjee, Abhijit V., and Esther Duflo (2011) *Poor Economics: A Radical Rethinking of the Way to Fight Global Poverty*, Public Affairs.

Binswanger, Hans P. (1981) "Attitudes toward Risk: Theoretical Implications of an Experiment in Rural India," *Economic Journal* 91(364): 867-890.

Campbell, Donald T. (1969) "Reforms as Experiments," *American Psychologist* 24(4): 409-429.

Deaton, Angus (2010) "Instruments, Randomization, and Learning about Development," *Journal of Economic Literature* 48(2): 424-455.

Deci, Edward L. (1975) *Intrinsic Motivation*, Plenum Publishing Co.

Duflo, Esther, Rachel Glennerster, and Michael Kremer (2008) "Using Randomization in Development Economics Research: A Toolkit," T. Schultz and John Strauss (eds.) *Handbook of Development Economics* 4, Elsevier.

Dunning, Thad (2012) *Natural Experiments in the Social Sciences: A Design-Based Approach*, Cambridge University Press.

Gerber, Alan S., and Donald P. Green (2012) *Field Experiments: Design, Analysis, and Interpretation*, W W Norton.

Glennerster, Rachel, and Kudzai Takavarasha (2013) *Running Randomized Evaluations: A Practical Guide*, Princeton University Press.

Harrison, Glenn W., and John A. List (2004) "Field Experiments," *Journal of Economic Literature* 42(4): 1009-1055.

Imbens, Guido W., and Joshua D. Angrist (1994) "Identification and Estimation of Local Average Treatment Effects," *Econometrica* 62(2): 467-475.

Kahneman, Daniel (2013) *Thinking, Fast and Slow*, Farrar Straus & Giroux.

La Londe, Robert J. (1986) "Evaluating the Econometric Evaluations of Training Programs with Experimental Data," *American Economic Review* 76(4): 604-620.

Levitt, Steven D., and John A. List (2009) "Field Experiments in Economics: The Past, the Present, and the Future," *European Economic Review* 53(1): 1-18.

Levy, Santiago (2006) *Progress against Poverty: Sustaining Mexico's PROGRESA-Oportunidades Program*, Brookings Inst Press.

List, John A. (2006) "Field Experiments: A Bridge between Lab and Naturally Occurring Data," *The B.E. Journal of Economic Analysis & Policy* 6 (2 - Advances): Article 8.

List, John A. (2011) "Why Economists Should Conduct Field Experiments and 14 Tips for Pulling One Off," *Journal of Economic Perspectives* 25(3): 3–15.

Todd, Petra E., and Kenneth I. Wolpin (2006) "Assessing the Impact of a School Subsidy Program in Mexico: Using a Social Experiment to Validate a Dynamic Behavioral Model of Child Schooling and Fertility," *American Economic Review* 96 (5): 1384–1417.

Townsend, Robert M. (1994) "Risk and Insurance in Village India," *Econometrica* 62 (3): 539–591.

# 第 II 部

# 電力消費の<br>フィールド実験

# 第3章

## 価格の威力

●北九州市の実験

## 1　注目される日本の実験

2011年3月11日の東日本大震災以降，福島第一原子力発電所事故を受け，各地の原発が停止したことから，日本の電力需給は逼迫した状況にある。原発の再稼働が計画されているが，老朽化原発の廃炉が予定され，原発の新設も現状では市民の理解が得にくい状況から，電力の需給逼迫は今後も持続する可能性が高い。

そのような情勢下，日本政府は，2015年7月に，「長期エネルギー需給見通し」を発表した。それによれば，2030年度の日本の電力需給構造は，東日本大震災前に約3割を占めていた原子力発電への依存が20～22%程度まで低減する。他方，東日本大震災前に約10%だった再生可能エネルギーは，2030年度には22～24%程度まで上昇する見通しである。特に，太陽光発電の大幅な増加が見込まれるのが特徴である。

一方，上述の「長期エネルギー需給見通し」では，電力需給の逼迫時に活用される環境負荷の大きい石油火力を必要最小限に抑制するために，需要側のマネジメントとして，デマンド・レスポンスを有効活用していくことが明記されている。前述のとおり，デマンド・レスポンスとは，電気料金を変動させるなど，エネルギー供給状況に応じてスマートに消費パターンを変化させる取り組みの総称である。特に，時間帯別に柔軟に料金を設定する仕組みは，ダイナミック・プライシングと呼ばれる。

課題は，将来の社会実装化を目指して，その社会的効果のエビデンスを蓄積することである。そのためには，さまざまな目的をもったフィールド実験を行うことが必要である。経済産業省・一般社団法人新エネルギー導入促進協議会（New Energy Promotion Council; NEPC）は，2009年11月，次世代エネルギー・社会システム実証事業を立ち上げ，神奈川県横浜市，愛知県豊田市，京都府けいはんな学研都市，福岡県北九州市の4地域で，

### Column ③　始まりはバークレーのカフェだった

共著者の依田・田中・伊藤が顔を揃え，初めてスマートグリッドのフィールド実験について話し合ったのは2010年3月のよく晴れた日の午後，アメリカ・カリフォルニア州のカリフォルニア大学バークレー校入り口前のカフェであった。依田が2011年夏から予定されていたフルブライト財団客員研究員の下準備で短期の渡米をした折り，同じくカリフォルニア大学バークレー校の客員研究員として滞在中だった田中，同校の博士課程の学生だった伊藤と歓談の時間をもった。

3人は，学会の報告者・討論者，大学の教師・学生の間柄であったので，すぐに打ち解け，何か面白いプロジェクトがあれば一緒に共同研究しようという話題になった。依田は行動経済学者であり，人間の行動研究に興味がある。田中はエネルギー経済学者で，日本の電力産業に詳しい。伊藤は電力価格に関する博士論文を執筆中で，アメリカで流行の兆しをみせていたフィールド実験の動向に精通していた。自然な流れで，スマートメーターを家庭に導入し，電力消費を見える化したとき，電力価格を限界費用に合わせて変動させたとき，あるいは，新しい節電支援技術を導入させたとき，経済理論どおり，人間は省エネ・節電のために行動を変容するかどうか，プロジェクト化できるとよいという結論になった。

もちろん，そのような大型のフィールド実験を運営するには，巨額の研究資金と研究パートナーの支援が必要不可欠である。そのときの3人には，そのような支援のあてはない。いつかそういった世の中が来るのではないかという期待だけがあった。3人は，次のようにいって別れた。

「何かプロジェクトを実現できるような展開があったら，連絡しよう。」

デマンド・レスポンスに関するフィールド実験を行った（図3-1参照）。われわれは，2011～14年度にかけて，それらの4地域のフィールド実験の実験設計，データ整理，計量分析に助言・研究を行う経済アドバイザーと

図 3-1　4 地域スマートコミュニティ・フィールド実験

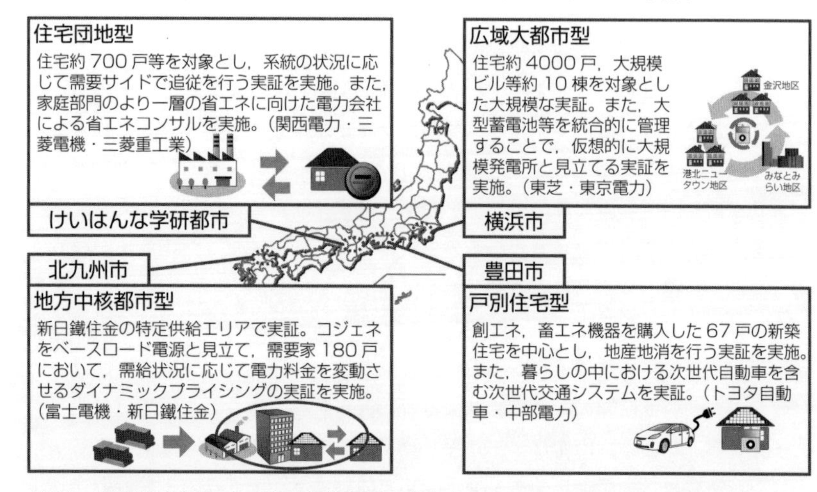


（出所）　経済産業省資源エネルギー庁資料をもとに作成（http://bizgate.nikkei.co.jp/smartcity/interview/001948.html）。

して，プロジェクトに積極的に参画した[1)]。

- 横浜市（東芝・パナソニック・東京電力等）

既築約 4000 世帯を対象に，①クリティカル・ピーク・プライシング（CPP）型ダイナミック・プライシングへのオプトイン型参加を募る。さらに，CPP への参加によってどれだけ経済的利得が生まれるかという情報提供，あるいは CPP への参加に対して与えられるキャッシュ・インセンティブのフィールド実験の実施（第 5 章参照）。②太陽光発電パネル設置世帯に対して，2 種類の価格レベルの CPP を用いたデマンド・レスポンスのフィールド実験の実施。

1)　新エネルギー導入促進協議会「次世代エネルギー社会システムにおけるデマンド・レスポンス経済効果調査事業」（2011～14 年度）を参照。

- 豊田市（トヨタ自動車・デンソー・中部電力等）

  太陽光発電や蓄電池を設置した新築67世帯を対象に，プラグイン・ハイブリッド自動車（Plug-in Hybrid Vehicle; PHV）と住宅の間の充放電を行い，さらにコミュニティ・エネルギー・マネジメント・システム（CEMS）との電力の融通を行う技術実証実験の実施。一部，CPPを用いたデマンド・レスポンスのフィールド実験の実施（本書では扱わない）。

- けいはんな学研都市（関西電力・三菱重工業・三菱電機等）

  既築約700世帯を対象に，①3レベルに価格が変動するV-CPP（Variable CPP）を用いたデマンド・レスポンスのフィールド実験の実施。②節電要請を用いたデマンド・レスポンスのフィールド実験の実施（第4章参照）。

- 北九州市（新日鐵住金・富士電機・IBM等）

  集合住宅180世帯を対象に，4レベルに価格が変動するV-CPPを用いたデマンド・レスポンスのフィールド実験の実施。また，2年間の夏期冬期にわたった継続的デマンド・レスポンスの実施（本章参照）。

第II部「電力消費のフィールド実験」において，以上の中から3地域を用いたスマートコミュニティのデマンド・レスポンスのフィールド実験結果を解説していこう。本章では，北九州市の4レベルのV-CPPのフィールド実験の結果を解説する。CPP＝50/75/100/150円と設定し，それぞれを最高気温とは無相関に発生させ，CPPの価格レベルとピークカット効果の関係を調べる。第4章では，けいはんな学研都市のダイナミック・プライシングと節電要請を用いたデマンド・レスポンスを同時に実施し，比較検討する。特に，実験期間中のピークカット効果の持続効果と実験終了

### Column ④　経済産業省からの誘い

スマートグリッドのフィールド実験をプロジェクト化しようと約束したものの，具体的な目当てがあったわけではない。その当時の日本は，京都プロトコルを定めた京都会議の議長国として，地球温暖化の温室効果ガスの排出をどうやって削減するかを大きな社会的課題としていた。そのために，日本政府は家庭用太陽光発電の積極的普及をねらって，2009 年に，余剰電力の固定価格買い取り制度（Feed-in Tariff）を導入した直後であった（固定価格全量買い取り制度は，2012 年から実施された）。自然エネルギーの出力は不安定であるため，スマートグリッドを用いた余剰電力の吸収が，経済産業省内でも技術的課題とされた。

こうした課題に答えるために，同じ 2009 年から，経済産業省では，「次世代エネルギー・社会システム協議会」を設立し，4 地域でのスマートコミュニティ実証事業を計画していた。そうした中，エビデンスに基づく政策の形成を目指していた経済産業省は，デマンド・レスポンスの経済効果を測定するアドバイザー・チームを探した際に，次世代エネルギー・社会システム協議会委員を務めていた東京大学・松村敏弘教授の推薦により，2010 年 7 月，京都大学・依田高典研究室に白羽の矢を立てた。外部委員の専門的審査を受けた結果，晴れて同研究室にプロジェクトを外部委託することが決まった。

最初に打診を受けた依田にとっても，予想外の話であり，当初は不思議な問題意識の一致に驚いたものの，経済産業省からの外部委託を喜んで受けた依田は，田中・伊藤に連絡し，スマートグリッド・エコノミクス・プロジェクト・チームを結成し，いよいよ共同研究が始まった。とはいうものの，フィールド実験という考え方が，まだ研究パートナー側には根づいていない。最初は，経済産業省の担当者への説明，続いて，東京電力・関西電力等企業の説得から始めなければならなかった。RCT の重要性は理解されたものの，実際にフィールド実験を導入するとなると，実験協力者が多数必要となるだけに導入は容易ではない。研究パートナーとの話し合いは，途中で何度も頓挫し，膠着状態に陥った。

後の節電習慣形成効果の検討に焦点を置く。第5章では，横浜市のCPPのオプトイン型のフィールド実験の結果を解説する。あわせて，情報提供トリートメント，キャッシュ・インセンティブ・トリートメントを実施し，オプトイン型参加率を高める一方で，ネット・ピークカット効果を低めてしまうトレードオフ関係を調べる。

## 2　先行するアメリカの実験

視点を日本からアメリカのデマンド・レスポンスのフィールド実験に転じてみよう。カリフォルニア州で起きた2000年から2001年の電力危機，ニューヨーク市で起きた2006年の大停電等を受けて，アメリカではデマンド・レスポンスに対する意識が高い。過去に100を超えるダイナミック・プライシングの社会実証実験が行われたが，それらのほとんどはRCT（無作為比較対照法）に基づくフィールド実験ではなかった。実証実験の結果が信頼できず，多額の予算が無駄になった反省から，近年では，アメリカを中心に多くの研究者が，家庭の電力消費に関して，RCTに則ったフィールド実験を行うようになった。

Faruqui and Sergici (2010) は，ダイナミック・プライシングのデマンド・レスポンスに関して，2000年以降にアメリカで実施された15の社会実証実験のサーベイをしている。それらのすべてがよく設計されたRCTに基づくフィールド実験というわけではないが，過去の知見からはダイナミック・プライシングの導入によってピーク時に削減できる消費電力量の割合は，時間帯別（TOU）料金の場合には3～6%，CPPの場合には13～20%であることが報告されている。以下では，アメリカの家庭におけるフィールド実験について，先駆的な研究論文をいくつか紹介しよう。

Allcott (2011) は，リアルタイム・プライシング（RTP）の効果に関するフィールド実験をシカゴ周辺で行った。第1章で説明したようにRTP

とは，文字どおり，時々刻々と価格が変動する料金体系である。この実験では，電力の前日卸売価格に連動して1時間ごとに価格が変動するRTPが適用された。フィールド実験に応募した693世帯のうち，103世帯は従来どおりの料金制が適用されるコントロール・グループ，590世帯はRTPが適用されるトリートメント・グループに，それぞれランダムに割り当てられた。そして，トリートメント・グループの世帯は，前日の午後4時までに，翌日の毎時の価格水準についての通知を受けた。

この実験の結果としてわかったことは，第1に，RTPに対する価格弾力性は0.1で有意な水準にあること，第2に，1日全体でみると電気使用量は減少し，省エネが実現したことである。第2の点については，高めの価格によるピークの電力利用量削減の効果の方が，低めの価格によるオフピークの電力利用量増加の効果よりも大きかったことを示唆している。さらにAllcott（2011）は，情報提供の効果をみるために，リアルタイムの価格の大小を直感的に色の違いで知らせる簡易の機器（青から赤に変わるにつれて価格が高いことを示す）を与えるグループと与えないグループに分けて実験をした。その結果，情報を提供したグループは，より価格に対して反応することが示された[2)]。

Wolak（2010, 2011）は，慎重に設計されたRCTによるフィールド実験を行い，CPPに関する信頼性の高い結果を示した。そこでは，スマートメーターが取り付けられたワシントンDCの1245世帯をコントロール・グループとトリートメント・グループにランダムに割り当て，ダイナミック・プライシングのフィールド実験を行った。この実験で特に興味深いのは，CPPの効果を評価し，さらにクリティカル・ピーク・リベート（CPR）の効果と比較している点である。前述のとおり，CPRとは，同じ緊急ピーク時の数時間に電気の使用量を減らした世帯に，削減量に応じて

2）Jessoe and Rapson（2014）は，電力価格や使用状況に関する追加的な情報を付加することによって，消費者がより敏感に価格変化に反応することを明らかにしている。

図 3-2　アメリカ SGIG の消費者行動研究調査の地図

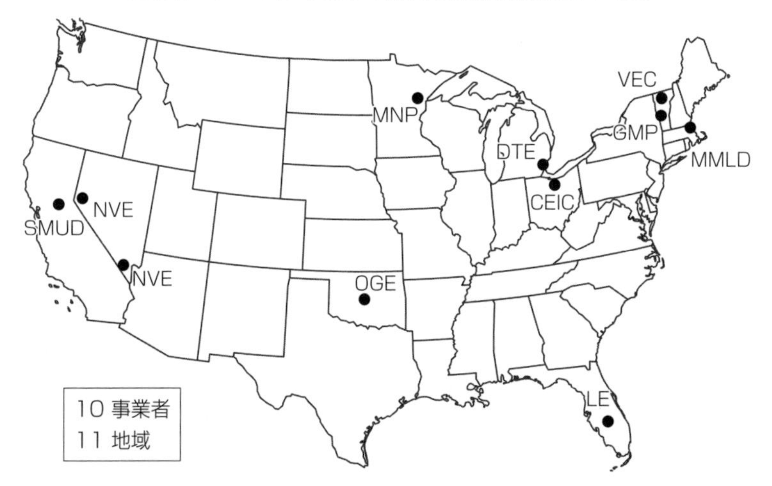


（出所） U. S. Department of Energy (2015).

リベートを与える仕組みである。

この実験では，CPP のレベルは，通常料金（約 13 セント/kWh）の 6 倍（約 80 セント/kWh）に設定された。同じ土俵で比較するために，CPR のレベルは，CPP の限界的なインセンティブと同じになるように設定された。実験の結果は，CPP のピークカット効果が 13.0% であったのに対し，CPR の効果は 5.3% で半分以下しかなかった。これは，人々が利得の獲得（リベート）よりも損失（課金）をより回避するという行動経済学でよく知られた結果（損失回避性）と合致する。

こうした先駆的なフィールド実験の実績のうえに，オバマ政権のもと，2009 年，アメリカ・エネルギー省（Department of Energy; DOE）は「スマートグリッド・インベストメント・グラント・プログラム（Smart Grid Investment Grant Program; SGIG）」を発表し，「消費者行動研究（Consumer Behavior Study; CBS）」を支援することにした[3]。

3）　これらのプロジェクトは，2007 年のサブプライムローン・ショック以降の不況に対

図3-2に描かれているように，東海岸，中西部，西海岸を中心に，10の地域の電力会社（11件のプロジェクト）がSGIGの消費者行動研究の候補地として選定された。DOE管轄のローレンス・バークレー国立研究所（Lawrence Berkeley National Laboratory; LBNL）はガイドラインを作成し，これら消費者行動研究の採択に際して，電力会社にフィールド実験を実施することを義務づけた[4)]。

例えば，最大規模であるカリフォルニア州Sacramento Municipal Utilities District（SMUD）の消費者行動研究の概要を紹介すると，約310億円（3億700万ドル）の総額費用を電力会社が180億円（1億7900万ドル），DOEが130億円（1億2800万ドル）を負担する。61万5000世帯にスマートメーターが設置され，そのうちの5万7000世帯が消費者行動研究に参加するという。このSMUDは，RCTではなく，「Randomized Encouragement Designs (RED)」という実験設計を採用し，外的妥当性を高めている。

RCTでは，まず，調査対象者の中から，実験に参加するかどうか意向を聞き，次に，参加に同意した実験協力者をトリートメント・グループとコントロール・グループにランダムに割り当てる。したがって，調査対象者のすべてが実験協力者となるわけではない。他方で，REDでは，まず，調査対象者をトリートメント・グループとコントロール・グループにランダムに割り当てて，次に，トリートメント・グループに割り当てられた者にトリートメントを受け入れるかどうかの諾否を聞く。注意すべき点は，トリートメントの受入を拒否した人も，トリートメント・グループとして扱い，そのデータは分析に用いられることである。したがって，調査対象者のすべてが，実験協力者となるわけである[5)]。

---

する景気刺激策である「2009年アメリカ再生・再投資法（American Recovery and Reinvestment Act of 2009)」の一部である。支援の総額は約8000億円（79億ドル）という巨大なものである。

4)　Cappers et al. (2013) を参照。

図3-3　アメリカSGIGの消費者行動研究調査の概要

| | Cleveland Electric Illuminating Co. | Detroit Edison | Green Mountain Power | Lakeland Electric | Marblehead Municipal | Minnesota Power | NV Energy-Nevada Power | NV Energy-Sierra Pacific Power | Oklahoma Gas & Electric | Sacramento Municipal | Vermont Electric Cooperative |
|---|---|---|---|---|---|---|---|---|---|---|---|
| 価格トリートメント | | | | | | | | | | | |
| TOU | | ■ | | ■ | | ■ | ■ | ■ | ■ | ■ | |
| CPP | | ■ | ■ | | ■ | ■ | ■ | ■ | ■ | ■ | |
| CPR | ■ | | ■ | | | | | | | | |
| VPP | | | | | | | | | ■ | | ■ |
| 非価格トリートメント | | | | | | | | | | | |
| 教育 | | | | | | | ■ | ■ | | | |
| IHD | ■ | ■ | ■ | | | | | | ■ | ■ | |
| PCT | ■ | ■ | | | | | ■ | ■ | ■ | | |
| Web | | | | | | ■ | | | | | |
| 加入方法 | | | | | | | | | | | |
| Opt In | ■ | ■ | ■ | ■ | ■ | ■ | ■ | ■ | ■ | ■ | ■ |
| Opt Out | | | | ■ | | ■ | | | | ■ | |

（注）TOU　Time of Use
CPP　Critical Peak Pricing
CPR　Critical Peak Rebates
VPP　Variable Peak Pricing
IHD　In-Home Display
PCT　Programmable Communicating Thermostats
（出所）U. S. Department of Energy (2014) Figure 1.

図3-3には，10の地域の電力会社が実施する11のSGIGの消費者行動研究の具体的なリサーチ・クエスチョンがまとめられている。第1に，ダイナミック・プライシングであるが，CPPに関して8つの消費者行動研究，TOU料金に関して7つの消費者行動研究が実施された。その他，CPPのレベルが複数あるVPP（Variable Peak Pricing），CPRに関して2つの消費者行動研究が実施される。第2に，11のすべての消費者行動研究でデフォルトが一律電力価格に設定され，実験協力世帯がダイナミック・プライシングにオプトインする実験設計と，2つの消費者行動研究でデフォルト

5）したがって，REDでは，調査対象者がすべて実験協力者となるという意味で，外的妥当性が高い。しかし，実証に選ばれる地域・住民の熱意が高く，トリートメント効果が高めに出るというサイトセレクション・バイアスの問題は依然として残る（Allcott, 2015）。

がダイナミック・プライシングに設定され，実験協力世帯が一律電力価格にオプトアウトする実験設計とが比較検討された。第3に，ダイナミック・プライシングのピークカット効果を促進するために，5つの消費者行動研究でインホーム・ディスプレイ（In-Home Display; IHD），5つの消費者行動研究で遠隔からプログラムで温度調整できるエアコン（Programmable Communicating Thermostats; PCT）が導入された。各地で実施された消費者行動研究は，2012年から2015年にかけて，順次，報告書が出された。

U.S. Department of Energy（2015）は，消費者行動研究の主な発見を次のようにまとめている。

- ダイナミック・プライシングの加入率は，オプトイン型では24％にとどまるのに対して，オプトアウト型では93％と大きな差がある[6)]。
- 各地の消費者行動研究を平均すると，CPPのピークカット率は21％なのに対し，CPRのピークカット率は11％にとどまった。
- インホーム・ディスプレイの導入はピークカット率にさほど効果をもたらさなかったが，温度調整できるエアコン（PCT）の導入はピークカット率に大きな効果をもたらした。各地の消費者行動研究を平均すると，温度調整できるエアコン導入世帯では，CPPのピークカット率は30％，CPRのピークカット率は29％に伸びた（図3-4参照）。

## 3　フィールド実験でわかったこと，わからないこと

ダイナミック・プライシングのフィールド実験は，2000年代にアメリ

6）　SMUDの消費者行動研究によれば，TOUのピークカット率は12％（オプトイン型），6％（オプトアウト型），CPPのピークカット率は25％（オプトイン型），14％（オプトアウト型）であった。オプトイン型でダイナミック・プライシングに参加した実験協力世帯のピークカット率の方が大きい。

図3-4　アメリカSGIGの消費者行動研究調査の結果

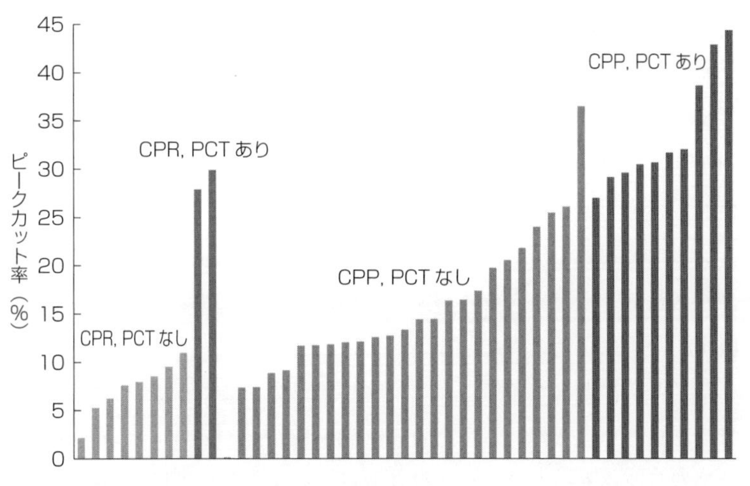


（出所） U. S. Department of Energy (2014) Figure 5.

カで進んだ。すでにわかったこと，まだわかっていないことを整理しよう。

Joskow (2012) は，アメリカにおいて，1年のうち，わずか1％のピーク時の需要のために，総額の10～15％の発電投資が必要になっていると指摘する。これは，電気の小売価格が限界費用を正しく反映しておらず，発生頻度の低いピーク時の需要に合わせて電源設備の形成をはかってきたからである。もしも価格シグナルを用いて，ピーク時の電気需要を抑制できれば，発電費用を抑制できる。

スマートメーターとスマートグリッドの融合によって，デマンド・レスポンスが可能になっているが，従来のダイナミック・プライシングのフィールド実験の多くが1つのレベルのCPPを使った研究だったので，強い仮定を置かないと，需要曲線の推定ができない。また，ほとんどのフィールド実験が費用便益計算までは行っていない。マルチレベルのCPPを用いたデマンド・レスポンスのフィールド実験結果，発電費用・送配電費用を含んだ費用便益分析が求められている。

Faruqui and Palmer (2011) は，長い間，消費者がダイナミック・プライシングに反応するかどうか，また価格レベルに反応するかに関して論争があったことを指摘している。多くのフィールド実験は，消費者が電力価格に対して統計的有意に反応することを示唆しているが，その価格弾力性は非弾力的でとても小さいと考えられる。そのために，メリハリのついたV-CPP型ダイナミック・プライシングを用いたフィールド実験を通じて，精緻な価格弾力性の検証が求められている。さらに，ダイナミック・プライシングは最初の1年目において有意なピークカット効果をもっていることが知られているが，異なる季節や2年目以降でも効果が持続するかどうかはまだ十分に確認されていない。

また，低所得者はダイナミック・プライシングによって損をするという反対論も根強く残っている。Faruqui and Palmer (2011) は，低所得者の電気消費負荷パターンは，高所得者のパターンよりも平坦なために，ダイナミック・プライシングへの加入によって，多くの低所得者はむしろ支払いを増やす可能性があると指摘する。

Borenstein (2013) は，この問題を精緻に分析している。トリートメントを付ける前と後の電気代支払いが均等になるという収入中立性を課したCPPに消費者が強制的にオプトインさせられたと仮定して計算しても，需要家の電力支出の変動幅はそれほど大きくはないようである。ピーク時に電力消費量の少ない需要家は約5% の支出減となる一方で，電力消費量の多い需要家は約1～2% の支出増につながっている。また，現時点において，世帯所得と支出変化には明確な関係はなく，ダイナミック・プライシングが低所得者の負担増につながるという証拠はない[7)]。したがって，世帯所得と電力支出の関係のエビデンスの蓄積が求められる。

---

7)　このシミュレーション分析の結論は，価格弾力性を0と置いても，−0.3と置いても，基本的には変わらない。

## 4　北九州市フィールド実験の設計

それでは，福岡県北九州市のフィールド実験の設計について説明しよう[8)]。実験は，2012年夏期（7～9月），2012～13年冬期（12～3月），2013年夏期（7～9月）の3シーズンで行われた。実験対象者は，北九州市東田地区のマンションの住民180世帯である。このマンションの住民は，もともと，TOUをデフォルトで契約している。したがって，TOUは5～10%のピークカット効果をもつといわれるが，その節電効果部分はすでに織り込まれている点に注意が必要である。

さて，2012年夏期では，180世帯をランダムに，ダイナミック・プライシングを受けるトリートメント・グループ112世帯とコントロール・グループ68世帯に分けた。トリートメントは，デフォルト料金を入れて，5レベルのV-CPPである。CPPが発動されない非イベント日のピーク時価格は15円/kWhとした[9)]。前日夕方の天気予報で最高気温が摂氏30度を超える平日の1pm～5pmに，デマンド・レスポンスのイベントが発動される。イベント日のCPPは4レベル（50/75/100/150円/kWh）であり，この4つのCPPを1つのサイクルとして，ランダムに発動することとした。CPPイベントは，それぞれの価格レベルが最大12日，合計最大48日とした。従来のダイナミック・プライシングを用いたデマンド・レスポンスでは，イベント日が10～15日であることが多く，この北九州市のダイナミック・プライシング・フィールド実験ではイベント日が多く，4つのCPPレベルを結んだ1本の需要曲線を導出できることが魅力である。コントロール・グループの料金体系は，既存のTOUとして，10am～5pm

8)　計量経済学的な詳細な分析は巻末のAPPENDIXに譲る。

9)　春（4/5月），秋（10/11月）のピーク時（1pm～5pm）も15円/kWhとした。

図 3-5　北九州市夏期向け V-CPP 価格

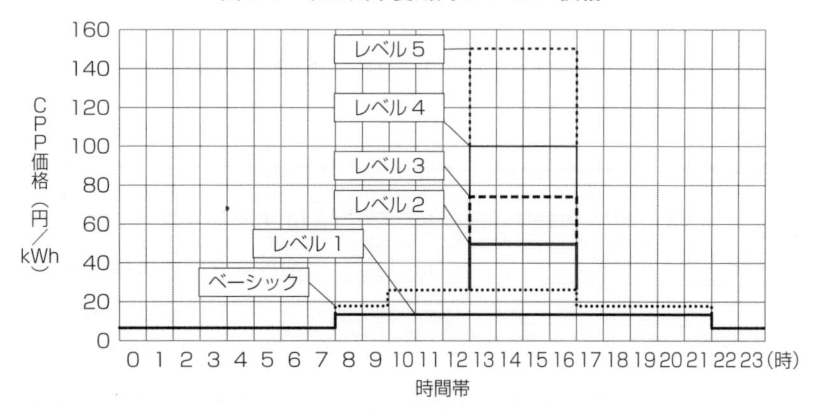


のデイタイムの価格は常に 23.4 円/kWh とした。

以上，図 3-5 において，北九州市夏期向け V-CPP 価格体系を図示した（2013 年夏期も同じ V-CPP 価格体系を利用した）。2012～13 年冬期の V-CPP も同じであるが，ピーク時を 8am～10am と 6pm～8pm とした点が異なる。冬期のデマンド・レスポンスのイベントは，最低気温が摂氏 4 度以下の平日とする。

北九州市の V-CPP 価格体系について，2 つの補足点を述べよう。第 1 に，前年度実験協力世帯の平均電気消費量データを用いて，1 年間を通じた収入中立性を計算している。第 2 に，トリートメント・グループにおいて，ダイナミック・プライシングの年間電気代の支払額が，デフォルトの TOU 料金の支払額を上回る場合でも，超過電気代の支払いを求めないビルプロテクションを採用した。

コントロール・グループも含めて，実験協力世帯には，インホーム・ディスプレイが配付され，実験協力世帯は図 3-6 のように，30 分ごとの時間計量電力消費データを確認できる。トリートメント・グループにデマンド・レスポンスのイベントが発動される場合，インホーム・ディスプレイを利用してイベントの発動の有無を確認できるとともに，前日の夕方と当

図3-6　北九州市のインホーム・ディスプレイの画面

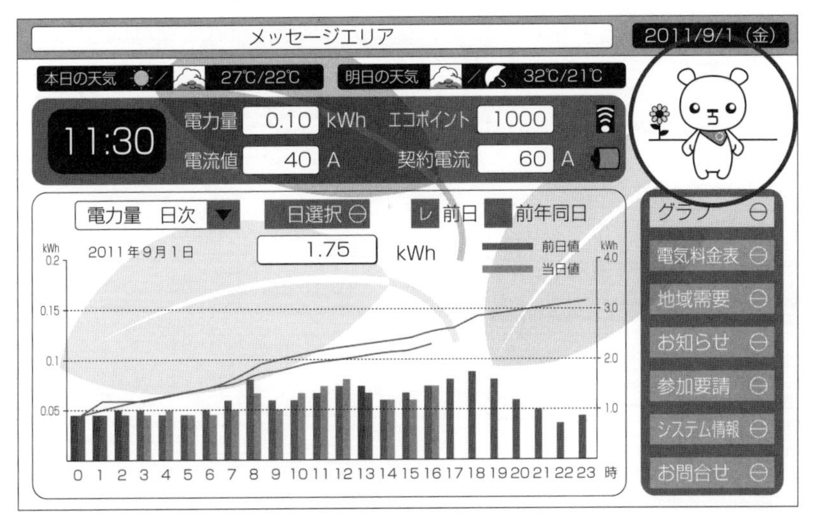


（出所）　北九州市提供。

日の朝にｅメールのメッセージが送られた。

## 5　北九州市フィールド実験の結果(1)――2012年夏期

北九州市フィールド実験の2012年夏期の結果を解説しよう。2012年夏が比較的冷夏だったこともあり，イベントは各CPPレベル（50/75/100/150円/kWh）×10日，合計40日であった。月別にみると，7月のイベント日は15日，8月のイベント日は20日，9月のイベント日は5日であった。

RCTの利点は，トリートメント・グループとコントロール・グループのデータを比較するだけで，平均トリートメント効果がわかることである。図3-7は，北九州市のダイナミック・プライシングのピークカット効果を図解している。まず，図の(1)は，イベント発動前の6月のトリートメン

図 3-7　北九州市ピークカット効果図解

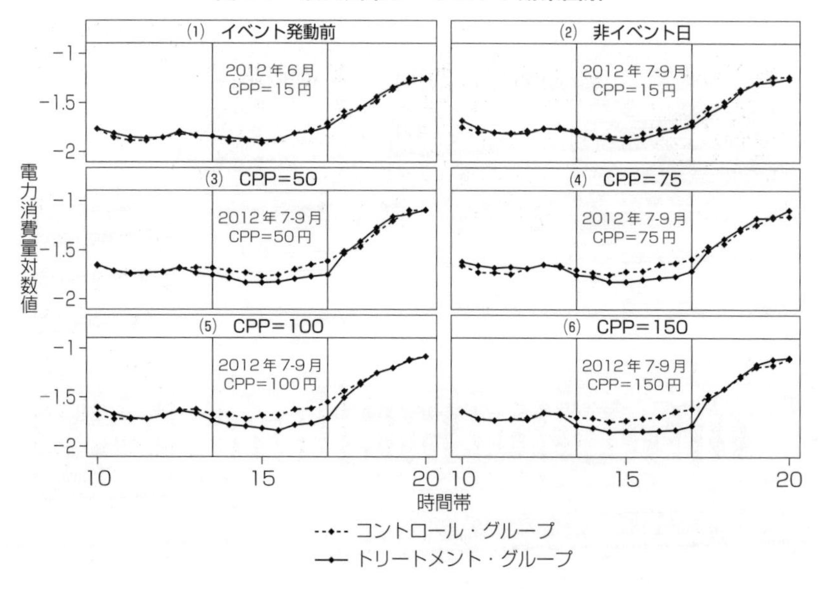


ト・グループとコントロール・グループの時間帯別電力消費量の比較である。ランダム化によって，2グループは均等に分割されているために，2グループの時間帯別電力消費量は一致している。(2)は，非イベント日の2グループの時間帯別電力消費量の比較であるが，依然として，2グループの時間帯別電力消費量はほぼ一致している。(3)から(6)は，4レベルのCPPが発動されたイベント日の時間帯別電力消費量の比較であるが，ピーク時の1pm〜5pmにおいて，トリートメント・グループの時間帯別電力消費量が低下していることがみてとれる。そのピークカット効果は，価格レベルが50円/kWhから，75円/kWh，100円/kWh，150円/kWhへとしだいに大きくなっていることがみてとれる。ピークカット効果は，午後1時のピーク開始後よりも，午後5時のピーク終了前の方が大きい。

それでは，北九州市のダイナミック・プライシングを用いたデマンド・レスポンスのフィールド実験の結果を，計量経済分析を用いて統計的に解析してみよう。図3-8は，最も重要な実験結果であるダイナミック・プラ

図3-8 2012年夏期ピークカット効果——ピーク時（1pm～5pm）

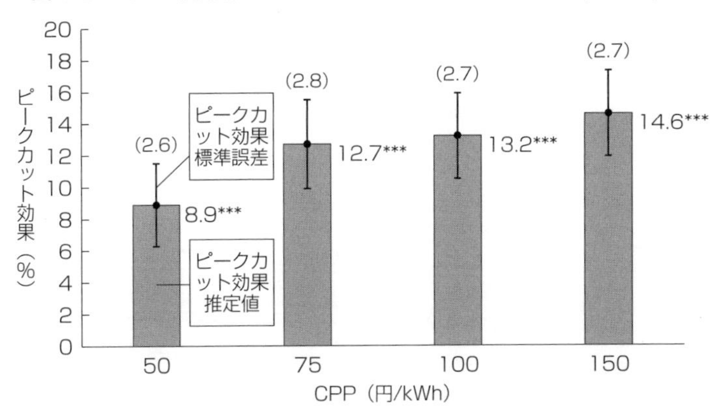


（注） 推定値に付けられた***，**，*はそれぞれ1%，5%，10% の統計的有意水準を示す。

イシングを実施したピーク時のピークカット効果である。CPP 実施時の価格レベルは 50/75/100/150 円/kWh の 4 レベルがある。CPP の 4 レベルの平均ピークカット効果は 12.2%（2.2%）であった[10)]。括弧内の数字は標準誤差であり，ピークカット効果推定値を標準誤差で割った数値は t 値と呼ばれ，この数値が 2.58 以上あれば 1% 水準で統計的に有意，1.96 以上あれば 5% 水準で統計的に有意，1.64 以上あれば 10% 水準で有意という。CPP の 4 レベルの平均ピークカット効果の t 値は 5.55 であるから 1% 水準をはるかに上回り，高度に統計的有意である。

図 3-8 を精査すると，ピーク時（1pm～5pm）の CPP＝50 円に対するピークカット効果は 8.9%（2.6%），CPP＝75 円に対して 12.7%（2.8%），CPP＝100 円に対して 13.2%（2.7%），CPP＝150 円に対して 14.6%（2.7%）である[11)]。いずれも高度に統計的に有意である。CPP のレベルが上がる

10） 価格弾力性は，価格の変化率が $\ln([50+75+100+150]/4)-\ln(15)=183(\%)$ であるから，$12.2(\%)/183(\%)=0.067$ と計算される。

11） コントロール・グループのデフォルトが TOU であり，すでに TOU の 5～10% のピークカット効果が織り込まれていると考えれば，北九州市のダイナミック・プライシングのピークカット効果は実質的に約 20% あるといえよう。

図 3-9　2012 年夏期ピークカット効果——ショルダー時(8am〜1pm & 5pm〜10pm)

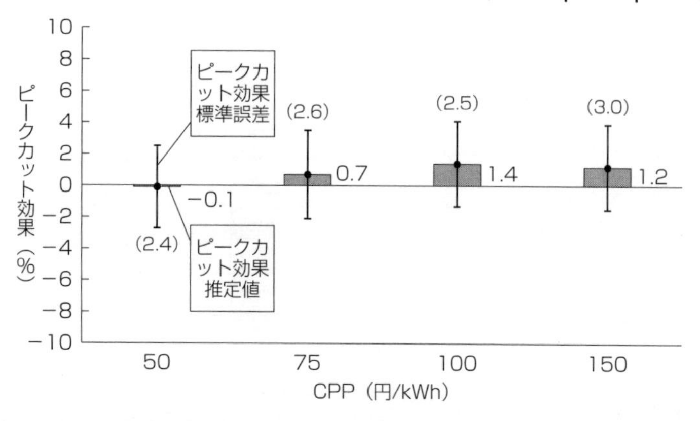


図 3-10　2012 年夏期ピークカット効果——オフピーク時（10pm〜8am）

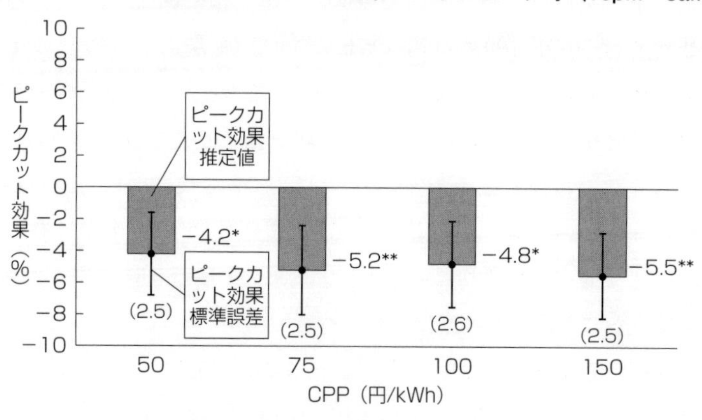


（注）　ピークカットの符号のマイナスは電力消費の増加を表す。

と，ピークカット効果も上がるが，その上がり方は小さく，CPP＝75/100/150 円のピークカット効果の差は小さい。ピークカット効果の差が統計的有意なのは，CPP＝50 円と 150 円の間だけである。つまり，実験協力世帯は CPP イベントに対して有意に反応するものの，CPP レベルを 2 倍，3 倍へとつり上げても，それほど反応は大きくならない。

図 3-9 と図 3-10 を精査すると，ピーク時に隣接するショルダー時（8am

～1pm & 5pm～10pm）とオフピーク時（10pm～8am）のピークシフト効果がわかる。では，ピーク時の有意な電力消費の節減が，ショルダー時やオフピーク時の電力消費の増大につながっているのだろうか。

図3-9をみると，ショルダー時の電力消費はすべて統計的有意に変化していない。例えば，CPP＝150円に対して電力消費は1.2％（3.0％）であるが，統計的有意ではない。つまり，ピーク時の節電行動が，ショルダー時の電力消費の増加をもたらしているわけではない。

他方で，図3-10をみると，オフピーク時の電力消費は5％または10％の統計的有意性で増加していることがわかる。CPP＝50円に対するピークカット効果は－4.2％（2.5％），CPP＝75円に対して－5.2％（2.5％），CPP＝100円に対して－4.8％（2.6％），CPP＝150円に対して－5.5％（2.5％）である[12)]。つまり，ピーク時の節電行動が，オフピーク時の電力消費の増加をもたらし，ピークシフトが起きている。

次に，2012年夏期のピークカット効果の時間経過を観察してみよう。ランダムに順番が変わる4つのCPPレベルを1つの「サイクル」とする。全40回のデマンド・レスポンスのイベントが発生したので，図3-11に10サイクルのピークカット効果を図示した。1％水準で有意なのは第1／3／5／6サイクル，5％水準で有意なのは第4/7サイクル，10％水準で有意なのは第2/8サイクル，非有意なのは第9/10サイクルである。7月の初中旬ではピークカット効果は控えめだが，気温が1年の中で最高になり，子供の学校が夏休みになり，夏期昼間の電力消費量が上がる7月下旬ではピークカット効果は一段と高まる。そして，気温が下がる8月下旬ではピークカット効果は一気に低下していく。このように，ピークカット効果の時間経過をみると，逆U字型になっている。

さらに，トリートメント・グループとコントロール・グループを比較して，それぞれが実際に受けた料金体系（トリートメント・グループにとって

12）　ここで，マイナス符号は負のピークカット効果，つまり電力消費量の増加を表す。

図 3-11　2012 年夏期ピークカット効果の時間経過

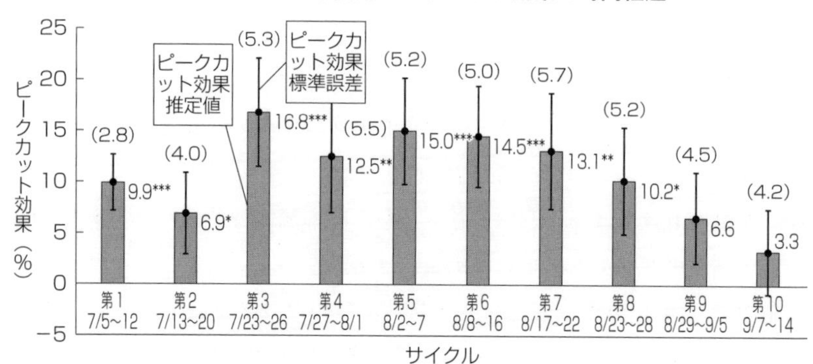


表 3-1　支出分析——実際の支払いと仮想の支払い

| | TOU | V-CPP | |
|---|---|---|---|
| トリートメント・グループ | ¥5,685 | ¥5,091 | ¥594 |
| コントロール・グループ | ¥5,775 | ¥5,411 | ¥364 |
| | ¥90 | ¥320 | |

は変動型 CPP である V-CPP，コントロール・グループにとっては時間帯別の電気料金である TOU)，仮想的な料金体系（トリートメント・グループにとっては TOU，コントロール・グループにとっては V-CPP）の電気代の月間支出額を計算したものが表 3-1 である。

表 3-1 をみると，2 つのグループが実際に受けた料金体系の月間支出は，トリートメント・グループの V-CPP に対して月間 5091 円，コントロール・グループの TOU に対して月間 5775 円であるから，両者の差は 684 円である。収入中立性を課した料金であるから，−684 円を 5775 円で割った−11.8% がダイナミック・プライシングのデマンド・レスポンスを受けたことによる電気代の支払いの減少と考えてよい。

この電気代の支払い減少は，2 つのプロセスに分解して考えることができる。まず，コントロール・グループの TOU の 5775 円と V-CPP の 5411 円を比較すると，その差は 364 円である（−6.3%）。収入中立性が課され

図 3-12　世帯所得階層別の支出分析

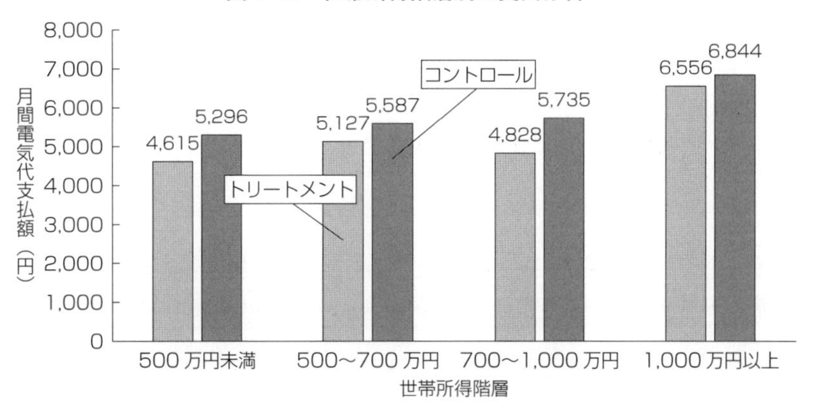


ていると考えれば，コントロール・グループの価格弾力性がゼロのもとで，差は0円となるはずである。しかし，冷夏のために，デマンド・レスポンスが最大48回のところ，40回の発動にとどまったために，6.3%分の支払いの減少が起きた。次に，コントロール・グループのV-CPPの5411円とトリートメント・グループのV-CPPの5091円を比較すると，その差は320円である（−5.9%）。この5.9%の部分が，実験協力世帯のデマンド・レスポンス（12.2%のピークカット効果）に相当する電気代の支出減である。

最後に，電気代の支払いの減少を所得の階層別に精査してみよう。図3-12は，世帯所得階層別の支出分析結果を掲載している。世帯所得が500万円未満の場合，ダイナミック・プライシングを受けたデマンド・レスポンスの電気代の支払い減少は681円（−12.9%），500～700万円の場合，電気代の支払い減少は461円（−8.2%），700～1000万円の場合，電気代の支払い減少は907円（−15.8%），1000万円以上の場合，電気代の支払い減少は288円（−4.2%）となった。以上から，所得水準と電気代の支払い減少の関係は単純ではなく，ダイナミック・プライシングのデマンド・レスポンスが低所得者に対して，必ずしも逆進的ではないことがわかる。デマンド・レスポンスが電気代の支払いに与える効果には，家族の世帯の属性，ピーク時の電気の利用形態等，さまざまな要因が絡んでいると考えられる。

## 6　北九州市フィールド実験の結果(2)——2012年冬期以降

ダイナミック・プライシングを用いたデマンド・レスポンスの興味深いリサーチ・クエスチョンは，観察された統計的に有意なピークカット効果が，別のシーズンでも観察されるのか，次年度以降でも観察されるのかである。こうした疑問に答えるために，北九州市では，同じ実験設計で，2012〜13年冬期，2013年夏期にフィールド実験を繰り返した。

まず，2012〜13年冬期（12〜3月）のフィールド実験であるが，実験協力世帯，基本的な実験設計は2012年夏期と同じであるが，デマンド・レスポンスのイベントの実施時間が朝（8am〜10am）と晩（6pm〜8pm）の2回ある点が特徴的である。イベントは最大48回と設定されていたが，実際にはCPP＝50/150円が各10回，CPP＝75/100円が各11回，合計42回発動された。

図3-13は，ダイナミック・プライシングを実施したピーク時のピークカット効果である。CPPの4レベル平均のピークカット効果は10.7%（2.5%）である[13)]。平均ピークカット効果のt値は4.28であるから1%水準をはるかに上回り，高度に統計的有意である。参考までに，朝だけのピークカット効果は11.0%（2.8%），晩だけのピークカット効果は10.5%（3.2%）であるから，朝晩ともにほぼ同じピークカット効果が得られた。

図3-13を精査すると，ピーク時（8am〜10am & 6pm〜8pm）のCPP＝50円に対するピークカット効果は10.6%（2.3%），CPP＝75円に対して10.9%（2.5%），CPP＝100円に対して9.2%（2.6%），CPP＝150円に対し

13)　価格弾力性は，10.7%/183% ＝0.058と計算される。

図 3-13　2012～13 年冬期ピークカット効果――ピーク時(8am～10am & 6pm～8pm)

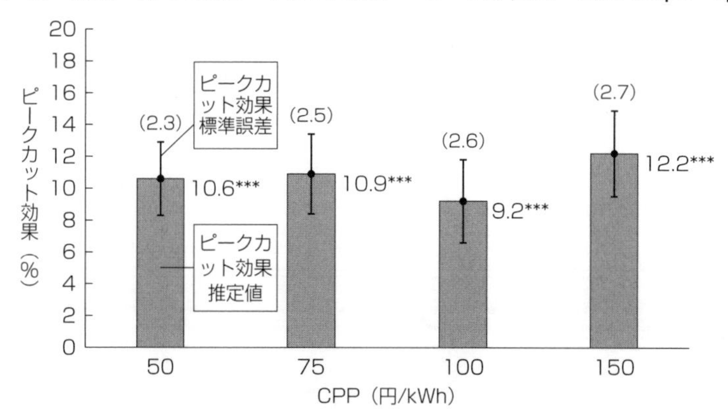


て 12.2%（2.7%）である。いずれも高度に統計的に有意である。CPP レベルにかかわらず，安定したピークカット効果が得られている。裏返せば，CPP のレベルが上がっても，ピークカット効果は上がっていない。2012 年夏期では，CPP レベルの上昇に対して，一部反応の増加がみられたが，2012～13 年冬期においてその関係は観察されなかった。実験協力世帯は，デマンド・レスポンスのイベントの通知に反応するが，その CPP のレベルに応じて反応を細かく変えることをしないのだろう。デマンド・レスポンスの世界では，通常の経済学が想定する右下がりの需要曲線が必ずしも成り立たないことを意味する。

続いて，2013 年夏期（7～9 月）のフィールド実験であるが，実験協力世帯や基本的な実験設計は 2012 年夏期と同じである。イベントは最大 48 回と設定されていたが，実際には CPP＝50/75/100 円が各 11 回，CPP＝150 円が各 12 回，合計 45 回発動された。

図 3-14 は，ダイナミック・プライシングを実施したピーク時のピークカット効果である。CPP の 4 レベル平均のピークカット効果は 10.3%（3.1%）である[14)]。平均ピークカット効果の t 値は 3.32 であるから 1% 水準を

14)　価格弾力性は，10.3%/183%＝0.056 と計算される。

図 3-14　2013 年夏期ピークカット効果――ピーク時（1pm～5pm）

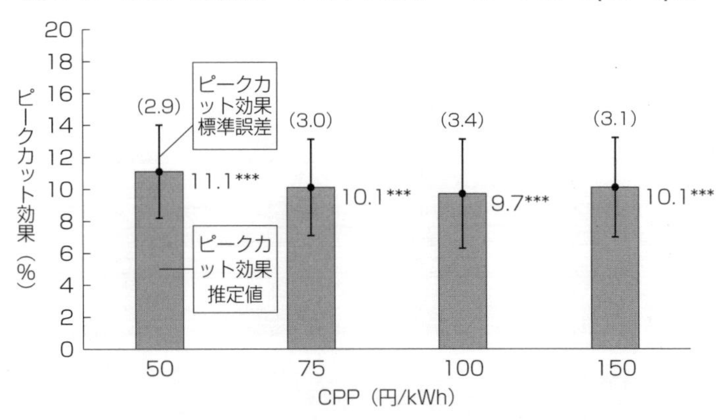


上回り，高度に統計的有意である。

図 3-14 を精査すると，ピーク時（1pm～5pm）の CPP＝50 円に対するピークカット効果は 11.1%（2.9%），CPP＝75 円に対して 10.1%（3.0%），CPP＝100 円に対して 9.7%（3.4%），CPP＝150 円に対して 10.1%（3.1%）である。いずれも高度に統計的に有意である。CPP レベルと反応の関係は，2012 年夏期ではなく，2012～13 年冬期の関係に近い。

これは大変興味深い発見である。初年度の夏期では，実験協力世帯は CPP のイベントの通知のみならず，CPP のレベルに対しても，弱いながら反応していた。しかし，初年度の冬期では，CPP のレベルへの反応は消え，イベントの通知だけに反応していた。この初年度の冬期の結果は，次年度の夏期でも確認された。

要するに，実験協力世帯は，時間の経過に伴い，デマンド・レスポンスの有無だけに注意を払うようになり，「明日はデマンド・レスポンス」ということがわかると，エアコンを切ったり，設定温度を上げ下げしたりするが，CPP の価格レベルが 50 円であろうが，150 円であろうが，その節電行動を細かくは調整しないようだ。したがって，ダイナミック・プライシングの価格レベルは，閾値を超える必要はあるものの，それほど高めに設定しなくても十分な節電効果が得られるということである。

このように考えることができよう。人間の行動変容には，物理的あるいは心理的なスイッチング・コストが伴う。したがって，デマンド・レスポンスを引き出そうと思うと，ある程度の刺激を与える必要があるが，その刺激が閾値（スイッチング・コスト）を超えていれば，その刺激（価格）の大きさと反応（需要）の大きさの間にはさほど相関がないということだ。こうした刺激と反応の二値反応の関係は，伝統的経済学が思い描く人間行動が成立しないアノマリーの一例である。

### 参考文献


Allcott, Hunt (2011) "Social Norms and Energy Conservation," *Journal of Public Economics* 95(9-10): 1082-1095.

Allcott, Hunt (2015) "Site Selection Bias in Program Evaluation," *Quarterly Journal of Economics* 130(3): 1117-1165.

Allcott, Hunt, and Toddo Rogers (2014) "The Short-Run and Long-Run Effects of Behavioral Interventions: Experimental Evidence from Energy Conservation," *American Economic Review* 104(10): 3003-3037.

Borenstein, Severin (2013) "Effective and Equitable Adoption of Opt-In Residential Dynamic Electricity Pricing," *Review of Industrial Organization* 42(2): 127-160.

Cappers, Peter, Annika Todd, Michael Perry, Bernie Neenan, and Richard Boisvert (2013) "Quantifying the Impacts of Time-based Rates, Enabling Technology, and Other Treatments in Consumer Behavior Studies: Protocols and Guidelines," Ernest Orlando Lawrence Berkeley National Laboratory 6301E.

Faruqui, Ahmad, and Sanem Sergici (2010) "Household Response to Dynamic Pricing of Electricity: A Survey of 15 Experiments," *Journal of Regulatory Economics* 38(2): 193-225.

Faruqui, Ahmad, and Jennifer Palmer (2011) "Dynamic Pricing and Its Discontents," *Regulation* 34(3): 16-22.

Jessoe, Katrina, and David Rapson (2014) "Knowledge Is (Less) Power: Experimental Evidence from Residential Energy Use," *American Economic Review* 104(4): 1417-1438.

Joskow, Paul L. (2012) "Creating a Smarter U. S. Electricity Grid," *Journal of Economic Perspectives* 26(1) : 29-48.

U. S. Department of Energy, Electricity Delivery & Energy Reliability (2014) "American Recovery and Reinvestment Act of 2009: Experiences from the Consumer Behavior Studies on Engaging Customers," https://www.smartgrid.gov/files/CBS_Consumer_Engagement-091914.pdf

U. S. Department of Energy, Electricity Delivery & Energy Reliability (2015) "American Recovery and Reinvestment Act of 2009: Interim Report on Customer Acceptance, Retention, and Response to Time-Based Rates from the Consumer Behavior Studies," https://www.smartgrid.gov/files/CBS_interim_program_impact_report_FINAL.pdf

Wolak, Frank A. (2010) "An Experimental Comparison of Critical Peak and Hourly Pricing: The PowerCentsDC Program," *Stanford University Working Paper.*

Wolak, Frank A. (2011) "Do Residential Customers Respond to Hourly Prices? Evidence from a Dynamic Pricing Experiment," *American Economic Review: Papers & Proceedings* 101(3) : 83-87.

# 第4章

## 習慣化への挑戦

●けいはんな学研都市の実験

## 1　内的動機と外的動機に訴える

人間は自分自身の利得のためだけに生きているのではない。時として，他人のため，社会のために，行動することもある。こうした行動を「社会的行動（Pro-social Behavior）」という。例えば，自分の所得の中から，一部を割いて寄付をする。災害で被害を受けた地域や人々のために，ボランティア活動を行う。他にも，電力の需給が逼迫しているときに，節電することも社会的行動の1つである。なぜならば，自分が節電すれば，他の人が節電するしないにかかわらず，社会全体の節電に貢献するからである。

第2章でみたように人間の社会的行動を引き出すには，2つの訴え方がある。1つは，「内的動機（Intrinsic Motivation）」に訴えかけるやり方。もう1つは，「外的動機（Extrinsic Motivation）」に訴えかけるやり方である。内的動機とは，金銭のためではない，自分の道徳や公共心等から発する充足感の達成を意味する。例えば，自身の社会的行動によって，他者が喜ぶ姿をみて，行為者は自分自身の満足心も高まるのを感じる。こうした効用を「ウォーム・グロウ（Warm Glow；暖かい灯火）」という[1)]。他方で，外的動機は，主に金銭的報酬から得る利己的な効用の増加を意味する。例えば，報奨金を得るために，他人のために尽くしたり，勲章が欲しくて，地域に貢献をしたりすることをいう。

ここで，1つ面白い現象が知られている。それは，内的動機から社会的行動が誘発される状況で，金銭のような外的報酬を与えてしまうと，かえって内的動機を損なってしまい，社会的行動の水準が下がってしまうことだ。これを「クラウディング・アウト（Crowding Out）」という。クラウディング・アウトには，外的報酬が内的動機を追い出してしまうという語

1)　ウォーム・グロウについては，Andreoni（1989）を参照。

感がある。社会的行動を引き出すには，目的に応じて，内的動機と外的動機をうまく使い分けて，それぞれに対して，正しく働きかけることが重要である[2)]。

歴史を遡れば，アメリカのウィスコンシン大学のハリー・F. ハーロウ（Harry F. Harlow）は，サルの行動を観察して，サルが自発的に楽しそうにパズルを解く姿の中に，内的動機を見出した。興味深いことに，ハーロウは，サルに褒美としてエサを与えると，サルたちは前よりも正答率が低くなることをみつけた。同じ原理を，人間にも見出したのが，アメリカのロチェスター大学のエドワード・L. デシ（Edward L. Deci）である。人間の場合も，サル同様に，金銭的報酬を与えた後に，それらを与えなくなると，途端にパズルの正答率が落ちるのだ。

## 2　エネルギー政策にみる内的動機への介入

人間の世の中の役に立ちたいという内的動機に働きかけて，どのように社会的行動を促進すればよいのかを考えてみたい[3)]。内的動機に金銭的報酬を与えてしまうとかえって内的動機を損ない，社会的行動が減退してしまう可能性がある。したがって，内的動機への働きかけは，非金銭的なものであるべきだ。行動経済学の分野では，気づきのきっかけを与えるという意味で「ナッジ（Nudge）」と呼ばれる[4)]。以下に4つの介入方法を示す。

---

2）内的動機に基づく行動変容の実証研究として，学術雑誌の査読（Chetty, Saez and Sándor, 2014），献血（Lacetera, Macis, and Slonim, 2012），寄付（Gneezy and Rustichini, 2000; Landry et al., 2006; Ariely, Bracha, and Meier, 2009; Landry et al., 2010），節電（Reiss and White, 2008），健康増進（Charness and Gneezy, 2009），禁煙（Volpp et al., 2009），納税（Dwenger et al., 2016）等がある。

3）内的動機全般の議論は，Gneezy, Meier, and Rey-Biel（2011）を参照。

4）ナッジとは，後ろから優しく背中を押すという意味である。詳細については，Thaler and Sunstein（2008）を参照。

第1の介入は，社会的行動がいかに世の中に役立ち，他人を助けるものか，情報を提供することだ。例えば，電力の需給が逼迫しているときに，どの程度の節電があれば，停電の危機を避けることができるのか，自主性を重んじながら，ソフトに伝える。自分の行動の社会的意味が明らかになれば，ウォーム・グロウを通じて，自身の効用も高まる。

第2の介入は，社会的行動の必要性を訴えかけて，プレッシャーを与えることだ。例えば，電力の需給が逼迫しているときに，停電の危機を避けるために，エアコンや照明を切ることを強く求める。ただし，社会的なプレッシャーを与えることは，社会的行動を促す一方で，一歩間違うと，当事者の効用を下げることにつながる。

第3の介入は，他者の社会的行動との比較情報を伝えることだ。例えば，節電が求められる夏の午後，同じ地域の同じような家族構成の中で，自宅の電力消費量のランキングは上から何％くらいの位置かの情報などを与えて，節約意識を刺激する。人間は，自身の情報だけでは容易に意識を変えないものだが，他人と比較されることによって，初めて本気になることがある。

第4の介入は，自身がどのように社会的に認知されるのかというイメージに影響を与えることだ。例えば，自分が頑張って節電したことを，実名入りのニュースで取り上げられたり，褒賞されたりすることで，社会的イメージが向上すれば，自尊心が満たされる。人間は社会的存在であるから，社会的イメージがどう変化するかが，社会的行動の鍵となる。

それでは，電力・エネルギー産業で，実際に内的動機に訴えかけるフィールド実験を紹介し，その効果を見てみよう[5)]。節電に役立つ情報提供が

5)　電力の節電要請は，多くの国で伝統的に採用されてきた政策である（Dal Bó and Dal Bó, 2014）。RCT 型フィールド実験ではないので，節電要請の効果について，精査が必要だが，アメリカ（Reiss and White, 2008），ブラジル（Gerard, 2013）が参考になる。その他，アメリカのカリフォルニア州の大気汚染（Cutter and Neidell, 2009）も参照されたい。

電力の消費行動にどのように影響するかに関して，アメリカのオーパワー（Opower）という会社の事例がある。この会社は全米各地でホーム・エネルギー・レポートのプログラムを展開しており，参加世帯は，自宅の電力使用量を近隣の類似世帯100軒の平均と比較した数枚のレポートを郵送で受け取る。各世帯は，自宅の電力消費が平均より多いのか少ないのかを知り，加えて節電のためのヒントとなる情報提供も受ける。Allcott（2011）は，このプログラムに着目して，約60万世帯の大規模なフィールド実験の分析を行った。その結果，近隣との消費量比較の情報提供を受けたトリートメント・グループは，コントロール・グループに比べて，1.4〜3.3%使用量が減少したことがわかった。ダイナミック・プライシングのような価格のシグナルをまったく用いず，簡易な情報提供という非金銭的な働きかけだけで数%の省エネを実現したことが興味深い。

Allcott and Rogers（2014）は，情報提供効果の持続性の観点から，Allcott（2011）を拡張する分析を行った。まず，月間内の行動変化を調べると，トリートメント・グループの世帯はホーム・エネルギー・レポートを受け取ってから間もない期間は節電行動を示すが，受領から日にちが経つにつれて節電の度合いは急速に減衰する。さらに長期の視点に立ち，2年間継続的にレポートを受け取った世帯が，その後，情報提供を打ち切った場合にどう反応するかを調べている。それによれば，情報提供の打ち切り後に節電効果は減少するが，減少の仕方が緩やかになることが報告されている。これは，2年間の継続的な情報提供により，人々が節電の習慣を身につけたり，家庭の機器をより効率性の高い物に買い換えたりしたからではないかとAllcott and Rogers（2014）は推察している。ただし，2年間の情報提供で完全な習慣形成は実現しておらず，それ以降もレポートを提供し続けたグループでは，省エネ効果がより高いことも示されている。

結論を急ぐのは待ってほしい。こうした内的動機に訴えかけたナッジ型の情報提供が，外的動機に訴えかけた金銭的刺激（その最たる例がダイナミック・プライシングである）と比較して，介入効果の大小，実験期間中の持続性，実験終了後の習慣形成，実験繰り返しの効果のリセット等が十分には解明されていない。価格メカニズムを活用した市場経済のメリット・デメリットは経済学の研究の蓄積で十分に知られているが，内的動機に訴えかけるナッジ型政策のメリット・デメリットのエビデンスを蓄積していく必要がある。

## 3　けいはんなフィールド実験の設計

それでは，京都府南部のけいはんな学研都市のフィールド実験の設計について説明しよう。本章の分析内容は，Ito, Ida, and Tanaka（2017）の一部の紹介である。けいはんな学研都市は，京都，大阪，奈良の3府県にまたがる京阪奈丘陵において，文化・学術・研究の拠点形成を目指した関西文化学術研究都市の通称である。ここで説明する実験は，2012年夏期（7～9月），2012～13年冬期（12～2月）に行われた。実験は経済産業省・一般社団法人新エネルギー導入促進協議会（NEPC）から支援され，われわれと京都府，関西電力，三菱重工業等との共同研究である。

実験対象者は，京都府京田辺市・精華町・木津川市在住の一般世帯である。図4-1は，実験協力者勧誘の流れをまとめている。地域世帯の全数は4万710ある。それら全世帯に対して，郵便でフィールド実験への参加意思を問うた。うち，1659世帯が参加意思を表明した。これら参加希望世帯の中から，スマートメーター通信に合致したインターネット・アクセス通信設備の有無，自家発電設備の有無等から適格調査を行い，適格者に対して世帯情報に関するアンケート調査も実施した。こうした勧誘の流れで，最終的に，691世帯が実験協力世帯として選ばれた[6)]。そして，この691世帯を対象に，ランダムに3グループに割り当てた[7)]。

6）　実験協力世帯には，毎月2000円の謝金が支払われた。

図4-1　けいはんな実験協力者勧誘の流れ

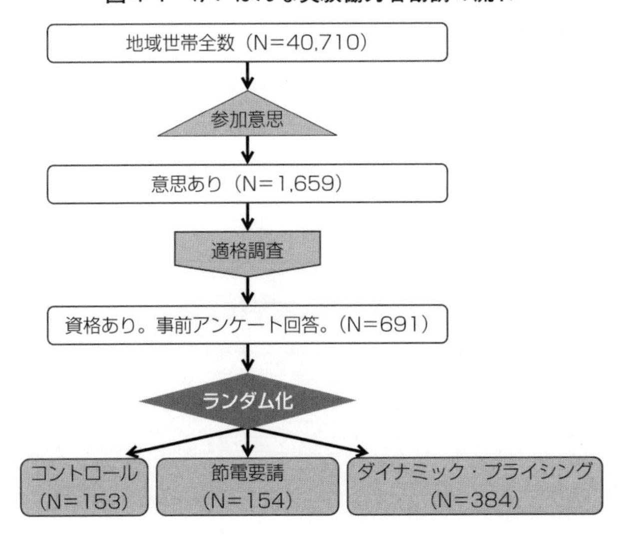


• コントロール・グループ（N=153）

このグループの実験協力世帯には，スマートメーターが設置され，時間帯別の電力消費量を確認できるインホーム・ディスプレイ（IHD）が無料で貸与された。

• 節電要請グループ（N=154）

このグループの実験協力世帯には，スマートメーターが設置され，時間帯別の電力消費量を確認できるIHDが無料で貸与された。そして，このグループに対して，2012年夏期，2012～13年冬期において，節電要請のデマンド・レスポンスを実施した。

• ダイナミック・プライシング・グループ（N=384）

7）691世帯のうち，10世帯は自家発電設備をもっていたので，以下の分析からは除外した。

このグループの実験協力世帯には，スマートメーターが設置され，時間帯別の電力消費量を確認できるIHDが無料で貸与された。そして，このグループに対して，2012年夏期，2012〜13年冬期において，ダイナミック・プライシングのデマンド・レスポンスを実施した。

続いて，トリートメントの詳細について説明しよう。節電の必要性に直面した政府がとりうる代表的な政策は2つある。1つ目は，人間の内的動機に訴えかけて，節電要請のメッセージを送ることである。2つ目は，人間の外的動機に訴えかけて，クリティカル・ピーク・プライシング（CPP）を設定することである。

節電要請グループへのトリートメントは，図4-2(1)のような，「道義的勧告（Moral Suasion）」を含んだメッセージを送ることである。メッセージには，特定の日時に電気の使用を控えるお願いの文章が書かれている。夏期のデマンド・レスポンスは，前日夕方の天気予報で最高気温が摂氏30度以上の平日の1pm〜4pmに発動された[8)]。冬期のデマンド・レスポンスは，前日夕方の天気予報で最高気温が摂氏14度以下の平日の6pm〜9pmに発動された。メッセージは，実験協力世帯はIHD，パソコン，携帯電話からいつでも閲覧することができた。

ダイナミック・プライシング・グループへのトリートメントは，図4-2(2)のような，CPP発動のメッセージを送ることである。メッセージには，特定の日時に，電力価格が引き上げられるので，電気の使用を控えるお願いの文章が書かれている。このグループのデマンド・レスポンスは，節電要請グループのイベントと，同じ日時に発動される。

ダイナミック・プライシング・グループに発動されるCPPの詳細を説明しよう。CPPは，複数の価格レベルが変化するV-CPPであり，図4-3

8）ただし，デマンド・レスポンスの発動が，過度に特定の期間に集中しないように，配慮した。

図4-2 けいはんな実験のトリートメントのメッセージ

(1) 節電要請グループへのメッセージ

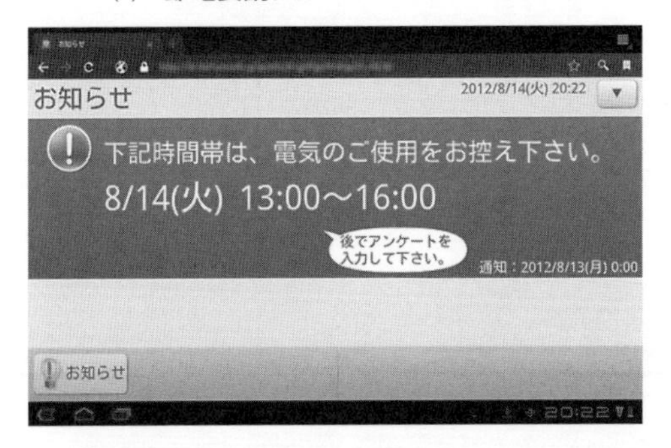


(2) ダイナミック・プライシング・グループへのメッセージ

のとおり，価格レベルは平常時の25円/kWhから40/60/80円分を引き上げて，65/85/105円/kWhとした[9)]。3レベルのCPPはランダムに発動され，3回のデマンド・レスポンスを1つのサイクルとした。試験的なデマンド・レスポンスを除いて，夏期合計15回の5サイクル，冬期合計21回

9) 厳密にいえば，日本の電気料金は，低所得者保護の福祉的目的から，三段階逓増制度となっており，また，一部の実験協力世帯は時間帯別電力価格（TOU）を採用するオール電化メニューに加入しているので，ベースの電力価格は家庭によって異なるが，ここでは説明を割愛する。加えて，デマンド・レスポンス発動日以外のピーク時では，20円/kWh分を引き上げて，45円/kWhの時間帯別電力価格も発動したが，ここでは説明を割愛する。

図 4-3　けいはんな夏期向け V-CPP 価格

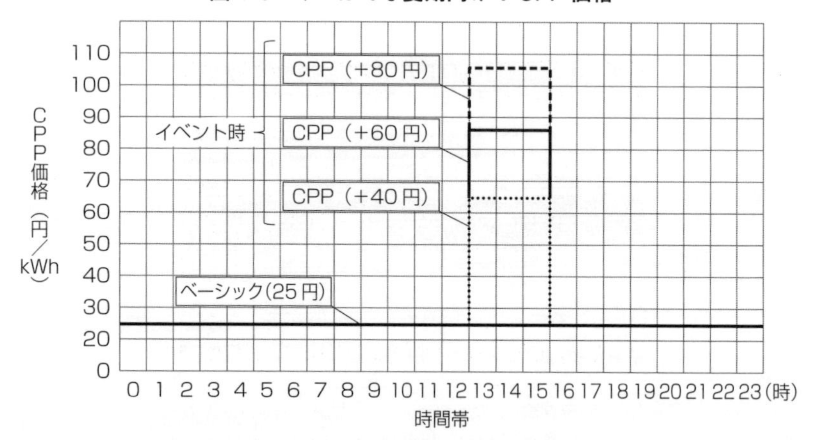


の 7 サイクルのデマンド・レスポンスが発動された[10)]。コントロール・グループ，節電要請グループの電力価格は，実験期間中，25 円/kWh のまま一定である。

## 4　けいはんなフィールド実験の結果 (1)——ピークカット効果

それでは，けいはんな学研都市フィールド実験の結果を解説しよう。まず，節電要請トリートメントとダイナミック・プライシング・トリートメント（V-CPP）を比較する。RCT 実験では，すべてのグループのサンプルにおいて，いわゆるセルフセレクション・バイアスがなく，結果の平均値の差がトリートメント効果を表す。図 4-4 を見てみよう。縦軸は 2012 年夏期の電力消費量対数値，横軸は時間帯を表し，ピーク時は 1pm〜4pm である。細線はコントロール・グループ，破線は節電要請グループ，太線

10)　2013 年 2 月末に 65 円/kWh を 3 連続発動したデマンド・レスポンスは，サイクルから除外している。

図4-4　けいはんなピークカット効果図解（2012年夏期）

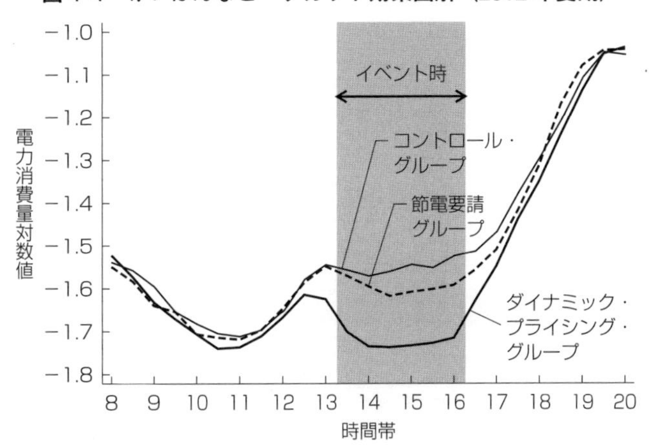


はダイナミック・プライシング・グループの電力消費量を表す。節電要請トリートメントに対して，小さなピークカット効果が，ダイナミック・プライシング・トリートメントに対しては，大きなピークカット効果があったことを確認できる。縦軸に対数値をとっているので，差の数字は変化率（%）を表す。コントロール・グループに対して，節電要請グループとの差の数字は約5%程度，ダイナミック・プライシング・グループとの差の数字は約20%程度であることがみてとれよう。

いよいよ，けいはんな学研都市のダイナミック・プライシングを用いたデマンド・レスポンスのフィールド実験の結果を，計量経済分析を用いて統計的に解析してみよう。図4-5は，2012年夏期の節電要請とダイナミック・プライシングを実施したピーク時（1pm～4pm）のピークカット効果である。節電要請の平均ピークカット効果は3.1%（1.4%）であった（括弧内の数字は標準誤差）。ダイナミック・プライシングの平均ピークカット効果は16.7%（2.1%）であった[11]。CPP実施時の価格レベルは

11）　価格弾力性は，価格の変化率が ln([65＋85＋105]/3)－ln(25)＝122(%)であるから，16.7(%)/122(%)＝0.137と計算される。

**図 4-5　けいはんな 2012 年夏期ピークカット効果──ピーク時（1pm～4pm）**

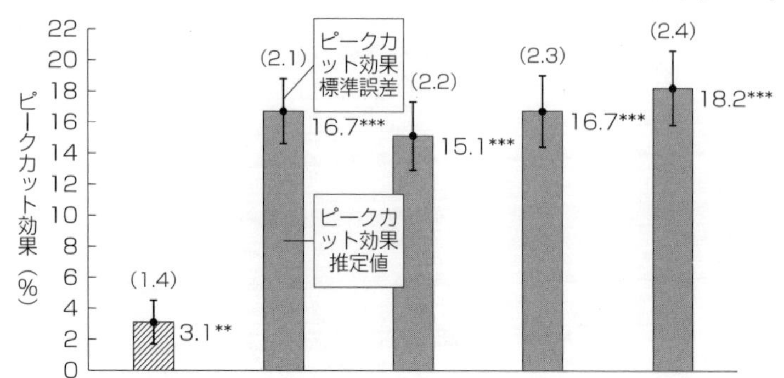


（注）推定値に付けられた***，**はそれぞれ 1%，5% の統計的有意水準を示す。

65/85/105 円の 3 レベルである。価格レベル別の平均ピークカット効果は，それぞれ，CPP＝65 円に対して 15.1%（2.2%），CPP＝85 円に対して 16.7%（2.3%），CPP＝105 円に対して 18.2%（2.4%）であった。第 3 章と同様に，括弧内の数字は標準誤差であり，ピークカット効果推定値を標準誤差で割った数値は t 値と呼ばれ，この数値が 2.58 以上あれば 1% 水準で統計的に有意，1.96 以上あれば 5% 水準で統計的に有意，1.64 以上あれば 10% 水準で有意という。いずれの t 値も 1.96 を大きく超えており，5% 水準をはるかに上回り，高度に統計的有意である。

一見すると，節電要請とダイナミック・プライシングのピークカット効果の間には，5 倍を超える平均効果の差がある。その一方で，北九州市フィールド実験でもみられたとおり，CPP の価格レベルの変化に対する平均ピークカット効果の増加はさほど大きくはない。15.1%，16.7%，18.2% と効果は増えるものの，その差は小さく，CPP＝65 円と CPP＝105 円の効果の差が 5% 水準で統計的に有意なだけである。

続いて，図 4-6 に掲載されている 2012～13 年冬期の節電要請とダイナミック・プライシングを実施したピーク時（6pm～9pm）のピークカット

図4-6　けいはんな2012〜13年冬期ピークカット効果――ピーク時(6pm〜9pm)

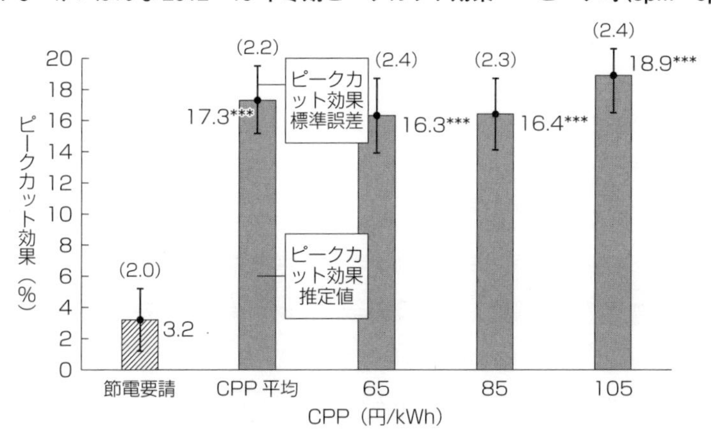


効果を見てみよう。それらの効果のパターンは，夏期と非常によく似ている。節電要請の平均ピークカット効果は3.2%（2.0%）であった。ダイナミック・プライシングの平均ピークカット効果は17.3%（2.2%）であった。価格レベル別の平均ピークカット効果は，それぞれ，CPP＝65円に対して16.3%（2.4%），CPP＝85円に対して16.4%（2.3%），CPP＝105円に対して18.9%（2.4%）であった。やはり，CPPの価格レベルの変化に対して，ピークカット効果は大きくなるものの，その増加はさほど大きくはならない。

参考までに，ピーク時（夏期1pm〜4pm，冬期6pm〜9pm）のピークカット効果が，ショルダー時（夏期10am〜1pm & 4pm〜7pm，冬期3pm〜6pm & 9pm〜0am）あるいはオフピーク時（夏期7pm〜10am，冬期0am〜3pm）へ，節電のスピルオーバー効果をもっているかを検証した。節電要請トリートメントは，ショルダー時あるいはオフピーク時のいずれの時間帯にも，スピルオーバー効果をもたなかった。他方で，ダイナミック・プライシング・トリートメントは，ショルダー時において，節電のスピルオーバー効果（夏期6.0%，冬期3.4%）があった[12)]。これは，ピークタイム時に節電す

12）オフピーク時においては，夏期2.2%，冬期0.7%とスピルオーバー効果は小さい。

る行動が，エアコンを早めに切るとか，エアコンの温度設定を高めに上げておくという行動を通じて，前後のショルダー時にも波及したことを示唆する。

以上の結果をもって，節電要請の効果を小さいと考えるのは早計であろう。一般に，電力需給の逼迫状況は予備率が3% 以下になったときに深刻だと考えられる。そのようなときに，ダイナミック・プライシングを活用したデマンド・レスポンスを発動すれば，電力危機は回避できるのは明らかだ。しかし，その前提となるのが，スマートメーターの普及である。日本では，2020 年代初頭の全国整備をうたっているが，今すぐに実現できる政策ではない。実際に，東日本大震災直後の電力危機では，節電要請に頼った政策が行われたことは記憶に新しい。節電要請とダイナミック・プライシングは，どちらが優れているか，一概に判断できるものではなく，目標の大きさとインフラの整備に応じて，是非を論じられるべきものである。

付記すれば，ここでいう節電効果は控えめに見積もられている。第1に，実験が行われた2012～13 年は，東日本大震災と福島第一原子力発電所事故の傷跡が残り，京都府の一般家庭に対しても，数値目標は見送られていたが，もともと節電要請がかかっていた。これは，コントロール・グループでも，実験協力世帯は日常的に節電をしていたことを意味し，ここで推定されたピークカット効果はさらなる深掘り部分である。

第2に，すべての実験協力世帯には，スマートメーターが設置され，ホーム・エネルギー・マネジメント・システム（HEMS）が導入されていた。IHD の「見える化」による節電効果は，コントロール・グループですでに織り込まれている[13)]。われわれの実験における，節電要請の効果は，そうした「見える化」効果を控除した部分なので，やはり，ピークカット効果はさらなる深掘り部分である。

---

13)　Faruqui, Sergici, and Sharif (2010) によれば，節電の「見える化」効果は約 7%，Carroll, Lyons, and Denny (2014) によれば約 9% である。

### Column ⑤　転機は東日本大震災

「日本の送電ネットワークは，すでに十分スマート化が進んでいる。」

そう考えていた電力会社からは，スマートグリッドのフィールド実験への賛同がなかなか得られなかった。しかし，当時の日本では，スマートメーターの普及計画において，諸外国の後塵を拝しており，デマンド・レスポンスの取り組みは不十分だった。そこで，2011 年 3 月，伊藤にアメリカから帰国してもらい，日米のスマートグリッドのそれぞれの強みと弱みを経済産業省と電力会社にレクチャーすることになった。

東京でのレクチャーが終わり，大阪でのレクチャーの日だった。2011 年 3 月 11 日の午後，大阪でも，大きくはないがゆっくりした長い揺れが感じられた。揺れは会を中止するほどの規模ではなかったので，レクチャーは実施された。少しずつわかってきたが，東北地方が震源地とのことで，被害の程度はまだわからなかったが，レクチャーの後に予定されていた伊藤の博士号取得の前祝い会は，伊藤が東北出身ということもあり，中止された。

間もなく，東日本大震災の津波の大きな被害と福島第一原子力発電所の深刻な事故のニュースがもたらされた。スマートグリッドのフィールド実験どころの騒ぎではない。毎日，テレビから流れてくる福島第一原発の原子炉の状況を，固唾を飲みながら見守る状況が続いた。

日本という国が破滅するかもしれない危機に，スマートグリッドのフィールド実験どころではなくなると観念したわれわれに，経済産業省から思わぬ知らせが入ったのは，5 月のことだった。原発の稼働が不確定になったことで，電力需給の逼迫が予測され，デマンド・レスポンスの社会的重要性がよりいっそう高まったのである。こうして，われわれのプロジェクトは，東日本大震災を転機に再スタートを切った。

## 5　けいはんなフィールド実験の結果⑵――馴化・脱馴化

けいはんなフィールド実験の一番の関心は，節電要請トリートメントとダイナミック・プライシング・トリートメントの時間を通じたダイナミズムの比較分析である。内的動機に訴えかけて社会的行動を促進させる政策が，短期的には効果をもつことはわかっているが，本当に長期的効果をもつのかどうかは十分に解明されていない。1つの RCT フィールド実験の枠組みの中で，内的動機と外的動機に訴えかけるトリートメント効果を，さまざまな長期的側面から比較検証したのは，この実験が世界で最初なのである。

まず，図 4-7 に掲載されている 2012 年夏期の効果の持続性からみていこう。2012 年夏期のデマンド・レスポンスでは，CPP＝65/85/105 円をランダムな順番で発動させ，それを 5 サイクル繰り返した。節電要請トリートメントについて，第 1 サイクルでは 8.3% のピークカット効果があり，統計的にも有意であったが，第 2 サイクル以降，ピークカット効果は 3.3

図 4-7　けいはんな 2012 年夏期持続性――ピーク時（1pm～4pm）

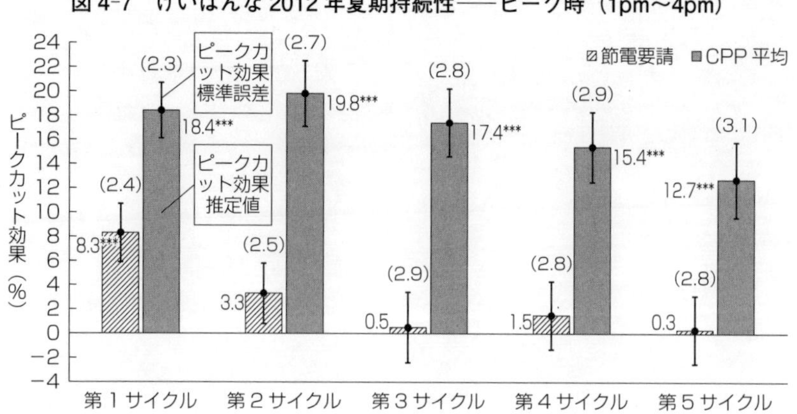

%，0.5%，1.5%，0.3% と急速に減衰し，統計的有意性もなくなった。したがって，節電要請の効果は最初こそ有効であるものの，数回の発動以降，その持続性はなくなることがわかった。他方で，ダイナミック・プライシング・トリートメントについては，第1サイクルでは 18.4% のピークカット効果があり，統計的に有意である。興味深いことに，第2サイクルにおいて，一度，19.8% までピークカット効果が上がり，第3サイクル以降，17.4%，15.4%，12.7% と若干の効果の低下はみられたものの，終始一貫して，統計的に有意なピークカット効果がみられた[14]。

なぜ，内的動機に訴えかける節電要請トリートメントの持続効果には，限界があったのだろうか。心理学でいうところの「馴化（じゅんか）（habituation）」が働いていると考えられる[15]。馴化とは，刺激が繰り返し与えられると，しだいに刺激に対する反応が減少することを指す。馴化は，報酬・罰を伴わない中立的な刺激に対して起こりやすいといわれる。1つのフィールド実験の中で，外的動機に訴えかけるダイナミック・プライシング・トリートメントには馴化がみられず，内的動機に訴えかける節電要請トリートメントには馴化がみられることを明示化したのは，われわれの研究が最初である。

続いて，図 4-8 に掲載されている 2012～13 年冬期の効果の持続性も見てみよう。2012～13 年冬期のデマンド・レスポンスは 7 サイクル繰り返した。一見すると，図 4-7 と図 4-8 の間で高い類似性がみられるだろう。節電要請トリートメントについて，第1サイクルでは，夏期と同じ 8.3% のピークカット効果があり，統計的にも有意であったが，第2サイクル以

14）第2サイクルで効果が上昇したのは，7月末に子供たちの学校の夏休みが始まり，電力消費量が高まったので，節電余力が増したことと関係しているかもしれない。逆に，第5サイクルで効果が低下したのは，9月に入ると，7～8月の猛暑が一段落し，最高気温が低下し，過ごしやすくなったことと関係していよう。

15）馴化の心理学的議論については，Thompson and Spencer (1966), Groves and Thompson (1970), Thompson (2009) が定評ある古典である。

図 4-8　けいはんな 2012～13 年冬期持続性――ピーク時（6pm～9pm）

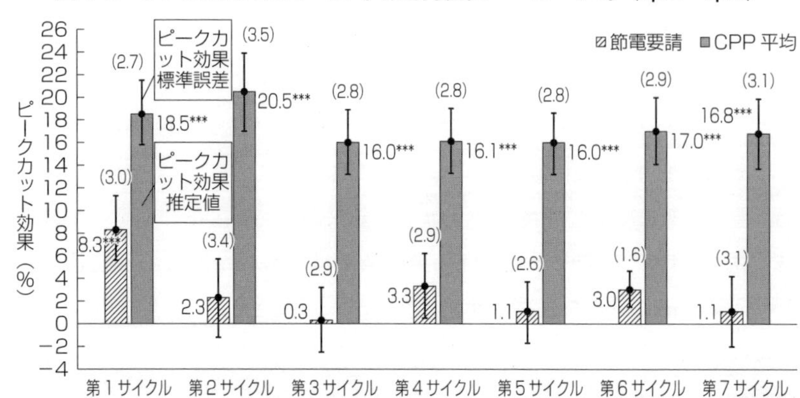


降，夏期同様，ピークカット効果は 2.3%，0.3%，3.3%，1.1%，3.0%，1.1% と急速に減衰し，統計的有意性もなくなった。やはり，節電要請の効果に持続性はみられなかった。他方で，ダイナミック・プライシング・トリートメントについては，第 1 サイクルでは 18.5% のピークカット効果があり，統計的有意である。第 2 サイクルにおいて，夏期同様，一度，20.5% までピークカット効果が上がり，第 3 サイクル以降では，16.0%，16.1%，16.0%，17.0%，16.8% とおおむね安定していて，統計的に有意なピークカット効果がみられた。

以上のとおり，人間の内的動機に訴えかける節電要請の効果は短期的であり，持続性がないことがわかった。他方で，外的動機に訴えかけるダイナミック・プライシングの効果は，実験期間中，持続して有効であることがわかった。ただし，この結論をもって，節電要請の効果を否定するのは間違っているだろう。節電要請は，最初の数回に限れば，8.3% という十分に大きなピークカット効果をもっており，人間の内的動機に頼りすぎない限りにおいては，それなりの威力を発揮してくれる。

関連して，重要な発見は，夏期の実験結果が，ピーク時間が異なる冬期においても，ほぼ同じサイクルで再現されたことである。刺激を一定の時間が経過した後，もう一度与えるとその効果が復活することを，心理学の世界では，「脱馴化（dishabituation）」と呼ぶ。1つのシーズンにおいて，節電要請の効果は最初の数回しか持続しないとしても，シーズンを改めて，節電要請を行えば，当初の効果が復活するのである。1つのシーズンにおいて，節電要請を数回に限定して，複数のシーズンにまたがって，節電要請を発動すれば，馴化と脱馴化を通じて，節電要請はあたかも長期的に持続しているような効果をもつ。

## 6　けいはんなフィールド実験の結果(3)——習慣形成

前節で議論した持続性とは，実験期間中に繰り返しトリートメントを与えた場合の長期的効果のことである。もう1つ，行動変容の効果として興味があるのは，実験終了後でも，節電効果が「習慣形成化（habit formation）」し，トリートメントがなくても，ピークカット効果が継続的にみられるかどうかである[16]。

そこで，2012年夏期の実験終了後，秋期（10～11月）の電力使用量データを引き続き収集し，コントロール・グループとトリートメント・グループの平日のピーク時（1pm～4pm）の電力使用量を比較した。結果は，図4-9に掲載されている。まず，節電要請グループについてみると，ピークカット効果は−0.6%（2.8%）と，わずかに電力使用量が増加しているが，統計的に有意ではなかった。続いて，ダイナミック・プライシング・グループについてみると，ピークカット効果は7.7%（3.4%）と，電力使用量の減少が統計的有意に確認できた。図4-5の2012年夏期ピークカット効果がCPP平均で16.7%であったことから，半分近いピークカット効果が実験終了後も習慣として形成されたことを表す。

16)　習慣形成に関しては，Becker and Murphy（1988）を参照。

図 4-9　けいはんな 2012 年夏期習慣形成効果――ピーク時（1pm〜4pm）

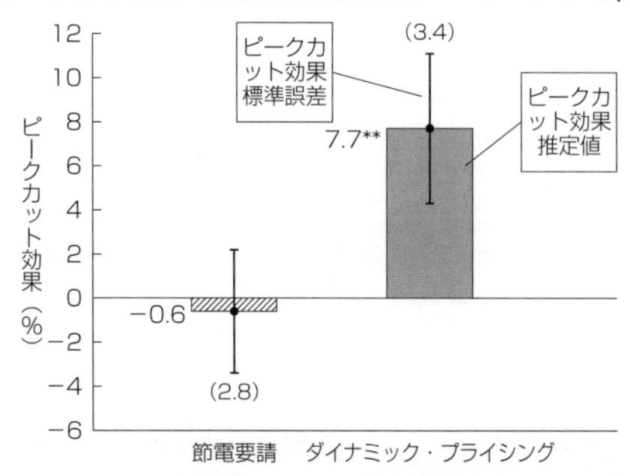


図 4-10　けいはんな 2012〜13 年冬期習慣形成効果――ピーク時（6pm〜9pm）

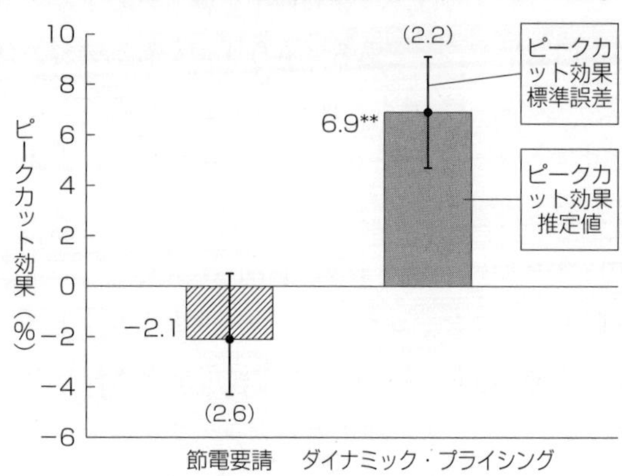


2012〜13 年冬期の実験終了後の春期（3〜4 月）にも，同じような習慣形成化がみられたかどうか，確認してみよう。図 4-10 に，分析結果が掲載されている。冬期の後の結果も，夏期と同じであった。まず，節電要請グループについてみると，ピークカット効果は −2.1%（2.6%）と，むしろ電力使用量が増加しているが，統計的に有意ではない。続いて，ダイナミック・プライシング・グループについてみると，ピークカット効果は

6.9%（2.2%）と，電力使用量の減少が統計的有意に確認できた。

以上から，節電要請による介入では，実験終了後に節電行動が習慣形成化できていないが，ダイナミック・プライシングによる介入では，実験終了後に約半分近い節電行動がそのまま習慣形成化できていることがわかった。ここで，また，１つの疑問が湧く。ダイナミック・プライシングによる介入は，どのようなチャネルを通じて，習慣形成化に成功したのだろうか。

１つの可能性は，実験協力世帯がダイナミック・プライシング・グループに割り当てられ，節電をより効率的に実行しようと，エアコン等の家電製品を実験前に買い換えたために，結果的に実験終了後にも節電効果が観察できたというものである。

この仮説を検証するために，実験前のエアコンの買換行動について，アンケートによる調査を行った。コントロール・グループで実験開始前にエアコンを買い換えた世帯は6% であった。節電要請グループのエアコン買換率は14%（−8%）で，コントロール・グループのエアコン買換率と統計的に有意な差があった。また，ダイナミック・プライシング・グループのエアコン買換率は15%（−9%）で，コントロール・グループのエアコン買換率と統計的に有意な差があった。しかしながら，節電要請グループとダイナミック・プライシング・グループの間のエアコン買換率には，統計的に有意な差がなかったので，前者には習慣形成効果がなく，後者には習慣形成効果があったことを，エアコンの買換率から説明することは難しい[17)]。

もう１つの可能性は，エアコン等家電製品の買い換えではなく，ピーク時に，それら家電製品の省エネ的利用を心がけたために，より効率的な節電ができたというものである。この仮説を検証するために，実験開始後の家電製品の省エネ的利用についてアンケートによる調査を行った。実験開

17）エアコン以外の家電製品でも，両トリートメント・グループ間で，統計的に有意な差はなかった。

始後に家電の省エネ的利用を心がけたかどうか，5段階で評価してもらったところ，コントロール・グループの世帯の平均値は3.03であった[18]。節電要請グループの省エネ的利用スコアは平均3.16（+0.13）で，コントロール・グループのスコアと統計的に有意な差がなかった。また，ダイナミック・プライシング・グループの省エネ的利用スコアは平均3.43（+0.40）で，コントロール・グループのスコアと統計的に有意な差があった。

以上の分析結果をまとめると，ダイナミック・プライシング・グループのピークカット効果が習慣形成に成功したのは，実験開始前に家電製品を買い換えたからではなく，実験開始後に家電製品の省エネ的利用に注意を払い，そうしたピークカットのための省エネ行動がそのまま定着したからだと考えられる。

## 7　けいはんなフィールド実験の学術的貢献・政策的含意

本章の最後に，けいはんなフィールド実験から得られる学術的貢献と政策的含意について，まとめておこう。第1に，けいはんなフィールド実験は，内的動機・外的動機に訴えかけるトリートメントが，馴化・脱馴化・習慣形成という動学的な行動変容にどのような効果をもつのかを，1つの統一されたRCT（無作為比較対照法）を用いて分析した世界初めての研究である。先行研究は，主にトリートメントを取り除いた後も行動変容が残るかどうかという習慣形成に関わるものであった。例えば，金銭的介入が運動に与える習慣形成[19]，非金銭的介入がエネルギーや自然資源の消費に与える習慣形成[20]等の研究が知られている。馴化・脱馴化に関する研究は

---

18）アンケートの回答は，1：まったく効率的省エネができなかった，2：効率的省エネができなかった，3：どちらともいえない，4：効率的省エネができた，5：とても効率的省エネができた，となっている。

19）Charness and Gneezy (2009) を参照。

非常に少ないが，ナッジや社会比較を繰り返し介入した場合のトリートメント効果の持続効果[21]等の研究が知られている。しかし，われわれのけいはんなフィールド実験のように，馴化・脱馴化・習慣形成という動学的行動変容の諸問題をすべて取り扱い，節電要請とダイナミック・プライシングという次元の異なるトリートメントを合わせて，しかも，同じタイミングで介入したという点でユニークである。

第2に，けいはんなフィールド実験は，消費者が価格情報に正しく反応するかどうかという論争に新しいエビデンスを投げかけた。電力需給の逼迫に合わせて，電力の限界価格を変動させたときに，消費者は価格に反応して，節電行動をとるのかどうかの問題について，長い間，論争があった[22]。Ito（2014）は，アメリカ・カリフォルニア州の消費者は，月間電力消費量によって変動する電力の限界価格水準に敏感には反応していないことをみつけた。消費者が限界価格に反応しない理由の1つとして，スマートメーターが普及していない状況下では，価格情報を獲得することの手間暇が予想以上に大きいことである。そこで，問われるべき問題は，現在，普及が進むスマートメーターやHEMSは価格情報の獲得費用を低下させ，消費者が手軽に価格情報を入手することによって，エネルギー消費の効率性を促すように，価格反応を高めることができるかどうかである。けいはんなフィールド実験の結果によれば，北九州市フィールド実験同様，1年目の夏冬ともに，時間別に変動する電力価格情報を，IHDを通じて，消費者にわかりやすく伝えることで，消費者の節電行動を引き出すことに成功した。そして，ダイナミック・プライシングの価格のレベル差に応じて，ピークカット効果が大きくなることもわかった。あわせて，けいはんなフィールド実験の大きな発見の1つに，価格弾力性はおおよそ0.1から0.2

20）Ferraro, Miranda, and Price（2011），Allcott and Rogers（2014）を参照。

21）Allcott and Rogers（2014）を参照。

22）Borenstein（2009），Kahn and Wolak（2013），Ito（2014），Copeland and Garratt（2015），McRae and Meeks（2016）を参照。

### Column ⑥　太平洋を挟んで

依田が2011年8月から，カリフォルニア大学バークレー校ローレンス・バークレー国立研究所にフルブライト財団客員研究員としての滞在を開始し，同じカリフォルニア州のスタンフォード大学のポスドク研究員である伊藤，2年間のアメリカでの在外研究員生活を終え，東京に帰国した田中と，日夜，メールやスカイプ会議でフィールド実験の運営に関する議論を行った。

ダイナミック・プライシングに関して，すでに100以上のフィールド実験の蓄積があったアメリカの経験を肌で感じることができたのは，実験を設計し，課題を設定するうえで，大いに役立った。とはいえ，横浜市・豊田市・けいはんな学研都市・北九州市という4つのフィールド実験サイトに対して，同時進行でアドバイスするのは並大抵の困難ではなかった。週に数回は，日本時間の昼間（アメリカ時間の夜間），どこかのサイトと，太平洋を挟んで，国際電話で打ち合わせ会議をもった。

4つの実験サイトとも，多様な参加者，異なった研究目的をもち，フィールド実験に対する協力も温度差があったことから，経済効果測定に関する技術的アドバイザーとはいうものの，話し合いは一筋縄では進まなかった。フィールド実験は生ものである。それぞれの地域で，一度は話し合いが頓挫し，その後に協力的関係を築けた地域もあれば，最後まで友好的な信頼関係が築けなかった地域もある。

話し合いの相手は技術者が多いので，RCTを用いることのメリットは説明をすればわかってもらえた。また，日本を代表する名だたるメーカーが参加していたので，スマートグリッドの技術レベルでは世界屈指であった。しかし，実験に参加する一般世帯への説明がネックとなり，研究パートナーの協力が得られないケースがあった。また，民間企業の研究開発が社会に知られてしまうことへの恐れも，反対意見の中にはあったのかもしれない。そんな中で，2015年3月，すべてのフィールド実験が終わり，ささやかな打ち上げ会で，若い技術者から頂戴した「いろいろありましたが，最後の方は，ミーティングから学ぶことが多く，毎回，ミーティングが楽しみになりました」という言葉はとても嬉しく，5年間の苦労が報われた瞬間でもあった。

の間にあり，地理・気候・枠組みの違いにもかかわらず，過去の先行研究とも整合的なことがわかった。

第3に，けいはんなフィールド実験は，金銭的インセンティブと非金銭的インセンティブのどちらが省エネ・節電行動を引き出すのかという最近のエネルギー・環境分野の政策論争にも，有力なエビデンスを与える。先行研究は，フィールド実験ではない観察データを用いた研究であったり，金銭的インセンティブと非金銭的インセンティブを別々に扱ったりすることが多く，この問題に決定的な解答を与えることができずにいた[23)]。過去，アメリカのカリフォルニア州やブラジルの電力危機の際に，節電要請がどれだけの節電効果をもたらしたのかを同定する試みがなされてきたが，節電要請と電力価格上昇が同時に起こったために，それぞれの効果を完全に識別することは難しい。それに対して，けいはんなフィールド実験は，1つのRCTの枠組みで，節電要請とダイナミック・プライシングを同時に介入しているので，それぞれの節電効果を識別し，精緻に比較対照することができるのである。

## 参考文献

Allcott, Hunt (2011) "Social Norms and Energy Conservation," *Journal of Public Economics* 95(9-10): 1082-1095

Allcott, Hunt, and Toddo Rogers (2014) "The Short-Run and Long-Run Effects of Behavioral Interventions: Experimental Evidence from Energy Conservation," *American Economic Review* 104(10): 3003-3037

Andreoni, James (1989) "Giving with Impure Altruism: Applications to Charity and Ricardian Equivalence," *Journal of Political Economy* 97(6): 1447-1458.

Ariely, Dan, Anat Bracha, and Stephan Meier (2009) "Doing Good or Doing Well? Image Motivation and Monetary Incentives in Behaving Prosocially," *American Economic Review* 99(1): 544-555.

23) Reiss and White (2008), Costa and Gerard (2015) を参照。

Becker, Gary S., and Kevin M. Murphy (1988) "A Theory of Rational Addiction," *Journal of Political Economy* 96(4): 675–700.

Borenstein, Severin (2009) "To What Electricity Price Do Consumers Respond? Residential Demand Elasticity under Increasing-Block Pricing," Working Paper.

Carroll, James, Seán Lyons, and Eleanor Denny (2014) "Reducing Household Electricity Demand through Smart Metering: The Role of Improved Information about Energy Saving," *Energy Economics* 45: 234–243.

Charness, Gary, and Uri Gneezy (2009) "Incentives to Exercise," *Econometrica* 77(3): 909–931.

Chetty, Raj, Emmanuel Saez, and László Sándor (2014) "What Policies Increase Prosocial Behavior? An Experiment with Referees at the 'Journal of Public Economics'," *Journal of Economic Perspectives* 28(3): 169–188.

Copeland, Adam M., and Rodney J. Garratt (2015) "Nonlinear Pricing with Competition: The Market for Settling Payments," FRB of New York Staff Reports, No. 737.

Costa, Francisco, and François Gerard (2015) "Hysteresis and the Social Cost of Corrective Policies: Evidence from a Temporary Energy Saving Program," Working Paper.

Cutter, W. Bowman, and Matthew Neidell (2009) "Voluntary Information Programs and Environmental Regulation: Evidence from 'Spare the Air'," *Journal of Environmental Economics and Management* 58(3): 253–265.

Dal Bó, Ernesto, and Pedro Dal Bó (2014) " 'Do the Right Thing:' The Effects of Moral Suasion on Cooperation," *Journal of Public Economics* 117: 28–38.

Dwenger, Nadja, Henrik Kleven, Imran Rasul, and Johannes Rincke (2016) "Extrinsic and Intrinsic Motivations for Tax Compliance: Evidence from a Field Experiment in Germany," *American Economic Journal: Economic Policy* 8(3): 203–232.

Faruqui, Ahmad, Sanem Sergici, and Ahmed Sharif (2010) "The Impact of Informational Feedback on Energy Consumption: A Survey of the Experimental Evidence," *Energy* 35(4): 1598–1608.

Ferraro, Paul J., Juan Jose Miranda, and Michael K. Price (2011) "The Persistence of Treatment Effects with Norm-Based Policy Instruments: Evidence from a Randomized Environmental Policy Experiment," *American Economic Review* 101(3): 318–322.

Gerard, François (2013) "The Impact and Persistence of Ambitious Energy Conservation Programs: Evidence from the 2001 Brazilian Electricity Crisis," Social Science

Research Network SSRN Scholarly Paper ID 2097195, Rochester, NY.

Gneezy, Uri, and Aldo Rustichini (2000) "Pay Enough or Don't Pay at All," *Quarterly Journal of Economics* 115(3) : 791–810.

Gneezy, Uri, Stephan Meier, and Pedro Rey-Biel (2011) "When and Why Incentives (Don't) Work to Modify Behavior," *Journal of Economic Perspectives* 25(4) : 191–209.

Groves, Philip M., and Richard F. Thompson (1970) "Habituation: A Dual-Process Theory", *Psychological Review* 77(5), 419–450.

Ito, Koichiro (2014) "Do Consumers Respond to Marginal or Average Price? Evidence from Nonlinear Electricity Pricing," *American Economic Review* 104(2) : 537–563.

Ito, Koichiro, Takanori Ida, and Makoto Tanaka (2017) "Moral Suasion and Economic Incentives: Field Experimental Evidence from Energy Demand," forthcoming in *American Economic Journal: Economic Policy.*

Kahn, Matthew E., and Frank A. Wolak (2013) "Using Information to Improve the Effectiveness of Nonlinear Pricing: Evidence from a Field Experiment: Final Report," Stanford University Working Paper.

Lacetera, Nicola, Mario Macis, and Robert Slonim (2012) "Will There Be Blood? Incentives and Displacement Effects in Pro-Social Behavior," *American Economic Journal: Economic Policy* 4(1) : 186–223.

Landry, Craig E., Andreas Lange, John A. List, Michael K. Price, and Nicholas G. Rupp (2006) "Toward an Understanding of the Economics of Charity: Evidence from a Field Experiment," *Quarterly Journal of Economics* 121(2) : 747–782.

Landry, Craig E., Andreas Lange, John A. List, Michael K. Price, and Nicholas G. Rupp (2010) "Is a Donor in Hand Better than Two in the Bush? Evidence from a Natural Field Experiment," *American Economic Review* 100(3) : 958–983.

McRae, Shaun, and Robyn Meeks (2016) "Price Perceptions and Electricity Demand with Nonlinear Prices," University of Michigan Working Paper.

Reiss, Peter C., and Matthew W. White (2008) "What Changes Energy Consumption? Prices and Public Pressures," *RAND Journal of Economics* 39(3) : 636–663.

Thaler, Richard H., and Cass R. Sunstein (2008) *Nudge: Improving Decisions about Health, Wealth, and Happiness*, Yale University Press.

Thompson, Richard F. (2009) "Habituation: A History," *Neurobiology of Learning and Memory* 92(2) : 127–134.

Thompson, Richard F., and William A. Spencer (1966) "Habituation: A Model Phenomenon for the Study of Neuronal Substrates of Behavior," *Psychological Review*

73(1): 16–43.

Volpp, Kevin G., Andrea B. Troxel, Mark V. Pauly, Henry A. Glick, Andrea Puig, David A. Asch, Robert Galvin, Jingsan Zhu, Fei Wan, Jill DeGuzman, Elizabeth Corbett, Janet Weiner, and Janet Audrain-McGovern (2009) "A Randomized, Controlled Trial of Financial Incentives for Smoking Cessation," *New England Journal of Medicine* 360(7): 699–709.

# 第5章

# 現状維持の克服

## ●横浜市の実験

## 1　大きな現状維持バイアス

人間には，現状にこだわるという「現状維持バイアス」が存在する[1)]。タバコを止めようと思っていても，なかなか禁煙できない。体によい運動を始めようと思っていても，つい億劫になってしまう。長期的にみれば，今よりも望ましい選択肢があるにもかかわらず，目の前の誘惑に負けてしまうのである。

現状維持バイアスには，たくさんの事例がある。臓器移植は，病気や事故によって臓器が機能しなくなった場合に，他人の健康な臓器を移植して，機能を回復させる医療である。健康な家族から臓器提供を受ける生体移植と死亡した者から臓器提供を受ける移植がある。生体移植では，臓器提供者の心理的負担，後遺症の問題が指摘される一方で，死亡した者からの臓器移植では，提供数が非常に限られているという問題点がある。

後者の臓器移植において，死亡した者が臓器移植の賛成意思を生前に表示している場合，その臓器を摘出できる「オプトイン方式（Opt-in）」と，死亡した者が臓器移植の反対意思を生前に表示しない場合，その臓器を摘出できる「オプトアウト方式（Opt-out）」がある。選択肢の初期値であるデフォルトをオプトイン方式にするか，オプトアウト方式にするかで，臓器移植の同意率で大きな差が生まれることが知られている[2)]。

例えば，ヨーロッパ諸国を例にあげてみると，図5-1のように，オプトイン方式を採用しているデンマーク・ドイツ・イギリス・オランダの同意

---

1）現状維持バイアスの研究としては，健康保険選択について Einav et al.（2013），Handel（2013），Handel and Kolstad（2013），退職年金選択について Benartzi and Thaler（2007），携帯電話料金選択について Miravete（2003），電気料金選択について Hortaçsu, Madanizadeh, and Puller（2015），Cappers et al.（2015）を参照。

2）Johnson and Goldstein（2003）を参照。

図 5-1　ヨーロッパの臓器移植同意率

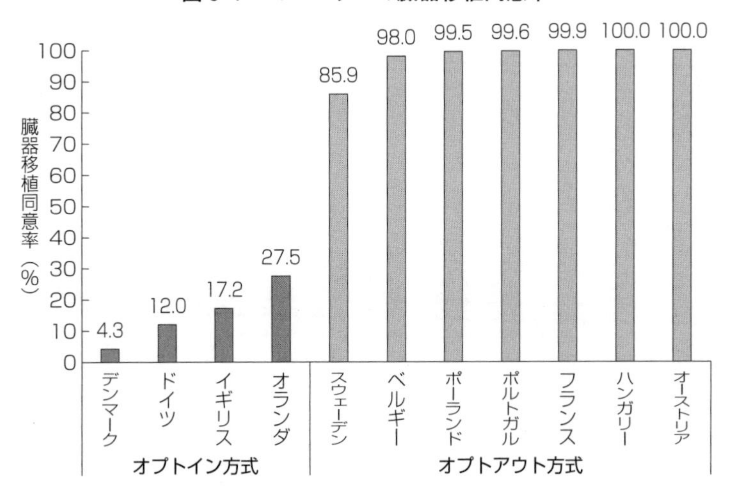


（出所）Johnson and Goldstein (2003).

率は4〜28％と低水準にとどまる。他方で，オプトアウト方式を採用しているスウェーデン・ベルギー・ポーランド・ポルトガル・フランス・ハンガリー・オーストリアの同意率は86〜100％と高水準に上っている[3)]。

別の例を，アメリカの退職年金制度から引いてみよう。アメリカの確定拠出型個人年金の1つに401(k)と呼ばれる制度がある。401(k)は，税制上の特典が受けられること，企業間で口座の持ち運びが容易なこと，一部の企業では，従業員が自分の賃金から拠出した資金の一定割合を給付するマッチング制度が実施されていることなど，従業員側にメリットが多い。にもかかわらず，制度の導入後，その利用率が増えないことが問題となっていた。

ここでも，オプトイン方式とオプトアウト方式のどちらをデフォルトにするかで，大きく401(k)の選択率が変わることが報告されている。まず，給料から天引きされる拠出率ゼロをデフォルトとした場合，そのまま，拠

3)　Oz et al. (2003) を参照。

**図 5-2　ダイナミック・プライシング実験の加入率**

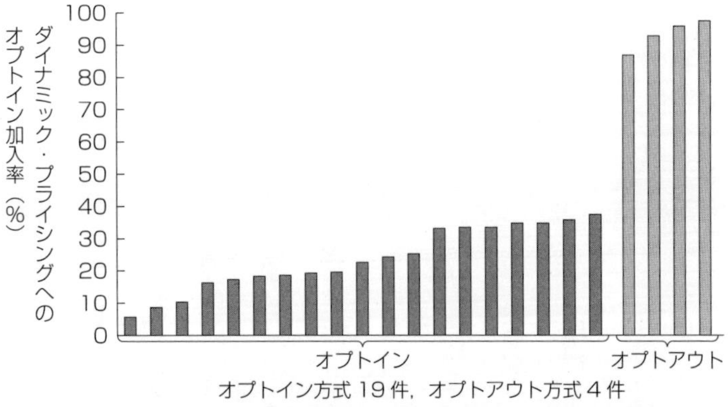

ダイナミック・プライシングへのオプトイン加入率（%）

100
90
80
70
60
50
40
30
20
10
0

オプトイン　オプトアウト

オプトイン方式 19 件，オプトアウト方式４件

（出所）U.S. Department of Energy (2015).

出率ゼロを選んだ者が 69% に達した（401(k)にオプトインして，最終的に，正の拠出率を選んだ者は 31% にとどまった）。次に，拠出率 3% をデフォルトとした場合（オプトアウト方式），正の拠出率を設定した者は 86% に達した（401(k)からオプトアウトして，拠出率ゼロを選んだ者は 14% にとどまった）[4)]。

最後に，アメリカで行われたエネルギー節電のフィールド実験から，例を引こう。第 3 章ですでに説明したように，エネルギー省（DOE）は「スマートグリッド・インベストメント・グラント・プログラム（SGIG）」を発表し，10 の地域の電力会社（11 件のプロジェクト）を「消費者行動研究（CBS）」として支援した。その中で，デフォルトは現状の一律電力価格であるが，希望者はダイナミック・プライシングを選択できるオプトイン方式 19 件，デフォルトはダイナミック・プライシングであるが，希望者は一律電力価格を選択できるオプトアウト方式 4 件が採用された。

それらの結果は，図 5-2 に示されている。オプトイン方式のダイナミッ

4）Madrin and Shea (2001) を参照。

ク・プライシングへの加入率は平均20%程度であった。オプトアウト方式のダイナミック・プライシングへの加入率は平均95%程度であった。オプトイン方式とオプトアウト方式の現状維持バイアスの傾向が，臓器移植同意率と，ダイナミック・プライシング加入率と，似ているところが興味深い。人間の行動変容にまつわるさまざまな現状維持バイアスには，ある種の法則性があるのかもしれない。

節電行動のオプトイン方式とオプトアウト方式で注目したいのは，ダイナミック・プライシングへの加入率と加入者の条件付節電率の間にトレードオフ関係があることだ。ここでは，トリートメント・グループの消費者だけがダイナミック・プライシングにオプトインすることが可能で，コントロール・グループの消費者はダイナミック・プライシングに加入することができない，シンプルなケースを考える[5)]。すると，トータル・トリートメント効果を表す「Intention to Treat（ITT）効果」は，トリートメントへの加入率と，ネットのトリートメント効果を表す「Treatment on the Treated（TOT）効果」の積によって決まる。ダイナミック・プライシングに興味がある者だけが加入するオプトイン方式では，加入率は低いものの，加入者の節電意欲は高い。逆に，ダイナミック・プライシングに興味がなくても加入するオプトアウト方式では，加入率は高いものの，加入者の節電意欲は低い。ITT効果において，オプトイン方式とオプトアウト方式のどちらが優れるかは，ケースバイケースの判断に委ねられる。

アメリカ・カリフォルニア州Sacramento Municipal Utilities District（SMUD）の消費者行動研究のフィールド実験研究によれば，オプトイン方式の場合，加入率18%×TOT効果25%から，ITT効果は5%であった。他方で，オプトアウト方式の場合，加入率95%×TOT効果14%から，ITT効果は13%であった。この比較の結果，加入率とTOT効果のトレードオフがみられるが，加入率で圧倒的に勝るオプトアウト方式の方

---

5)　このようなケースを「片側非承諾（One-sided Non-compliance）」と呼ぶ。

がトータルのITT効果で優れている[6)]。

ここで，1つ問題がある。日本の現状では，一律電力価格がデフォルトとして普及しているのであり，消費者の同意なく，デフォルトを一律電力価格からダイナミック・プライシングへ変えることは，消費者の反発を招きかねない。オプトアウト方式が採用できない場合には，オプトイン方式の枠組みの中で，加入率を引き上げる工夫が求められる。このリサーチ・クエスチョンに答えようとしたのが，神奈川県横浜市フィールド実験である。

## 2　横浜市フィールド実験の設計

それでは，横浜市フィールド実験の設計について説明しよう[7)]。本章の分析内容は，Ito, Ida, and Tanaka (2016) の一部の紹介である。ここで説明する実験は，2014年夏期（7～9月）に行われた。実験は経済産業省・一般社団法人新エネルギー導入促進協議会（NEPC）から支援され，われわれと横浜市，東芝，パナソニック，東京電力等との共同研究である。

実験対象者は，横浜市在住の一般世帯である。横浜市は，フィールド実験の実施にあたって，インターネットやポスターを通じた勧誘を行った。そして，青葉区等を中心とした横浜市の約3500世帯の応募があり，これら参加希望世帯の中から，住宅の種別，スマートメーター通信に合致したインターネット・アクセス等から適格性の調査をし，適格者に対して世帯情報に関するアンケート調査も実施した。こうした勧誘を通じて，最終的

---

6)　1つの反例としては，Ida and Wang (2014) がある。彼らは，アメリカ・ニューメキシコ州ロスアラモス郡のCPPを用いたフィールド実験で，高学歴・高所得な階層が多く住む同地では，ダイナミック・プライシングへの加入率が60%を超えたために，オプトイン方式のITT効果の方が優れていることを示した。

7)　計量経済学的な詳細な分析は巻末のAPPENDIXに譲る。

図 5-3　横浜市実験協力者勧誘の流れ

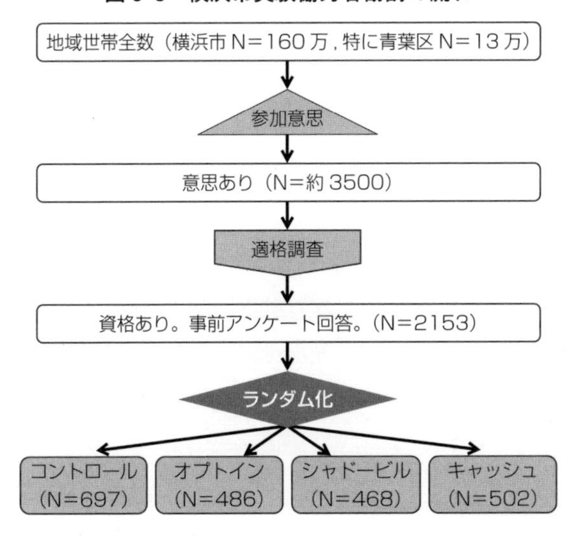


に，2153世帯が実験協力世帯として選ばれた。そして，この2153世帯を対象に，ランダムに4グループに分割した。図5-3は，実験協力世帯勧誘の流れをまとめている。

- コントロール・グループ（N＝697）

　このグループの実験協力世帯は，スマートメーター，時間帯別の電力消費量を確認できるHEMSが補助金を活用し安価で設置された[8)]。

- オプトイン・グループ（N＝486）

　このグループの実験協力世帯は，スマートメーター，時間帯別の電力消費量を確認できるHEMSが補助金を活用し安価で設置された。そして，このグループに対して，2014年夏期に，ダイナミック・プライシング加入の機会を与えた。オプトインしなかった世帯は，一律

8)　実験協力世帯には，年間1万円の謝金が支払われ，実質的な負担はゼロである。

電力価格を受けた。

• シャドービル・グループ（N＝468）

このグループの実験協力世帯は，スマートメーター，時間帯別の電力消費量を確認できる HEMS が補助金を活用し安価で設置された。その際，2013 年度の電力消費データに基づいて，仮に当該世帯がダイナミック・プライシングにオプトインしたとしたら，どれだけ年間の電気代の支払いが得になるのか損になるのかという「シャドービル」を計算して提示した[9)]。そして，このグループに対して，2014 年夏期に，ダイナミック・プライシング加入の機会を与えた。オプトインしなかった世帯は，一律電力価格を受けた。

• シャドービル＋キャッシュ・インセンティブ・グループ（N＝502）

このグループの実験協力世帯は，スマートメーター，時間帯別の電力消費量を確認できる HEMS が補助金を活用し安価で設置された。その際，前述の「シャドービル」を計算して提示した。加えて，もしもダイナミック・プライシングにオプトインしたら，6000 円のキャッシュ・インセンティブを与えることを約束した。そして，このグループに対して，2014 年夏期に，ダイナミック・プライシング加入の機会を与えた。オプトインしなかった世帯は，一律電力価格を受けた。

続いて，トリートメントの詳細について説明しよう。トリートメント・グループに割り当てられ，ダイナミック・プライシングへオプトインする世帯は，実際にデマンド・レスポンスの要請を受ける。デマンド・レスポンスは，前日夕方の天気予報で最高気温が摂氏 29 度を超える平日のピー

9）　シャドービルの計算に過去データを用いるので，価格への反応はゼロ，つまり価格弾力性はゼロと仮定していることと等しい。

図 5-4　横浜市夏期向け CPP＋TOU 電力価格

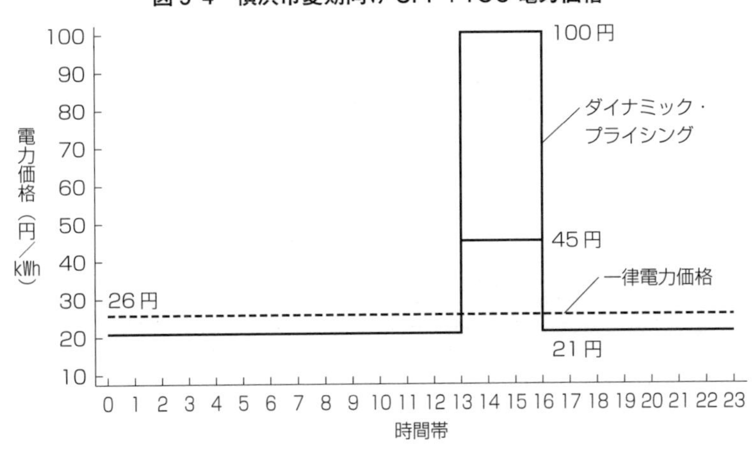


ク時 1pm～4pm に，最大 14 回発動される[10)]。デマンド・レスポンスの発動は，前日夕方と当日朝の 2 回，メールと HEMS 画面を通じて，該当世帯に通知される。

ダイナミック・プライシングの料金体系は，図 5-4 に描かれている。デマンド・レスポンスを発動する日のピーク時 1pm～4pm の電力価格は CPP＝100 円，デマンド・レスポンスを発動しない日のピーク時 1pm～4pm の電力価格は TOU＝45 円とする。また，2013 年度の電力消費データを用いて，平均的には，どちらの料金を選ぼうとも，電気代の支払いが一定となるような「収入中立性（Revenue Neutrality）」を仮定し，オフピーク時の電力価格は 21 円とする。コントロール・グループに割り当てられた世帯や，トリートメント・グループに割り当てられたものの，ダイナミック・プライシングへオプトインしない世帯は 26 円の一律電力価格を受ける。

10）ただし，デマンド・レスポンスの発動が，過度に特定の期間に集中しないように，配慮した。

図 5-5　横浜市シャドービルの分布図

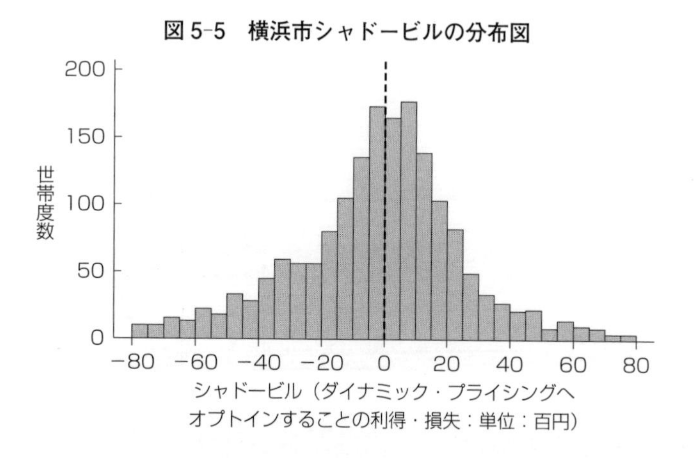


過去データを用いて計算したシャドービルの金額がプラス（得）である世帯を「構造的な利得者（Structural Winner）」，逆にマイナス（損）である世帯を「構造的な損失者（Structural Loser）」と呼ぶ[11]。価格弾力性をゼロとした場合でも，構造的な利得者はダイナミック・プライシングにオプトインした方が電気代を減らすことができて，逆に，構造的な損失者はダイナミック・プライシングにオプトインすると電気代が増えてしまう。収入中立性を仮定しているので，構造的な利得者と構造的な損失者はほぼ五分五分に分かれるだろう。実際に，シャドービルの分布を示したのが，図 5-5 である。横軸にはシャドービル，つまり，ダイナミック・プライシングにオプトインする場合としない場合の電気代の支出額の差をとった。予想どおり，ゼロを挟んで，構造的な利得者と構造的な損失者が対称的に分布していることがわかる。また，仮に 6000 円のキャッシュ・インセンティブをもらえば，ほとんどの構造的な損失者でも，総額でプラスの利得に転じることがわかる。

最後に，実験のタイムテーブルを示そう。2013 年に，スマートメータ

11） Borenstein（2013）を参照。

Column ⑦　太陽光発電プロシューマー

横浜市では，本文で紹介したフィールド実験以外に，太陽光発電パネルを設置した家庭のデマンド・レスポンス実証も行った。このような家庭は，自宅で電気を利用する消費者（コンシューマー）である一方で，ソーラーパネルで発電した電気を電力会社に売る生産者（プロデューサー）の側面も併せもつ「プロシューマー」ともいえるユニークな存在だ。

ところが，困ったのが，どうやってダイナミック・プライシングを設定したらよいかということだった。曇天等により，太陽光の発電量が自宅の消費をまかなえないときは，家庭は不足する電気を電力会社から購入する。このときには，家庭の電力購入に対して通常どおりにダイナミック・プライシングを適用することができる。しかし，晴天で太陽光の発電量が自宅の消費を上回るときは，家庭は余剰電力を電力会社に販売する。このときには，家庭は電力会社から電気を購入していない状態なので，通常のダイナミック・プライシングを適用することができない。買っていないものには値段がつけられないのだ。

そこで，ダイナミック・プライシングの概念を拡張して，電力会社による買取価格（家庭からみると売電価格）を上げることを考えた。すると，家庭には，太陽光発電による余剰電力販売を増やすために，自宅の消費量を抑制しようとするインセンティブが生まれる。このようにダイナミック・プライシングを拡張することで，太陽光発電プロシューマーのデマンド・レスポンスを引き出すことが可能となる。

こうしてRCTフィールド実験を行った結果，太陽光発電プロシューマーへのピークカット効果は，一般世帯に対する効果の4分の1程度にとどまることが示された。これは，家庭が太陽光で発電しており，そもそも電力会社から購入する電力の絶対量が少ないため，価格変化の影響が限定的となるからかもしれない。しかし，太陽光発電プロシューマーは，もともと，一般世帯に比べて化石燃料により発電された電気の消費量が少なく，そのうえに再生可能エネルギーの供給も行うという意味で環境負荷の小さいクリーンな世帯であることに留意すべきである。このフィールド実験に関心をもった読者はIda, Murakami, and Tanaka (2016) を参照されたい。

Ida, Takanori., Kayo Murakami, and Makoto Tanaka (2016) “Electricity Demand Response in Japan: Experimental Evidence from a Residential Photovoltaic Power-Generation System," *Economics of Energy & Environmental Policy* 5(1): 73-88.

ーを用いて，実験協力世帯の30分ごとの電力消費データを取得した。ここでは，トリートメントの介入は行われない。そして，この時点で，家族構成等の調査を実施した。次に，2014年春に，実験協力2153世帯を，ランダムに4グループに割り当てた。そして，2014年6月の1カ月間，トリートメント・グループに割り当てられた実験協力世帯に対して，ダイナミック・プライシングの料金表を提示したうえで，ダイナミック・プライシングにオプトインするかどうかの選択をしてもらった。前述のとおり，シャドービル・グループは，シャドービルの提示を受けた。シャドービル＋キャッシュ・インセンティブ・グループには，シャドービルの提示とあわせて，ダイナミック・プライシングへオプトインした場合，6000円のキャッシュ・インセンティブが与えられることを通知した。最後に，2014年の7月から9月まで，デマンド・レスポンスの実験期間に入り，合計14回のデマンド・レスポンスのイベントが実施された。

## 3　横浜市フィールド実験の結果(1)──加入率の分析

それでは，いよいよ，横浜市フィールド実験の結果を解説しよう。まず，3つのトリートメント・グループごとの加入率の比較から話を始めたい。シャドービルの事前分布からみれば，50%の実験協力世帯がダイナミック・プライシングにオプトインすることによって，電気代の支払いを減らすことができる。しかし，第1節で説明したように，人間には現状維持バイアスがあるので，仮に新しい選択肢を選ぶ方が大きい利得を得られる場

図 5-6　横浜市 2014 年夏期加入率効果

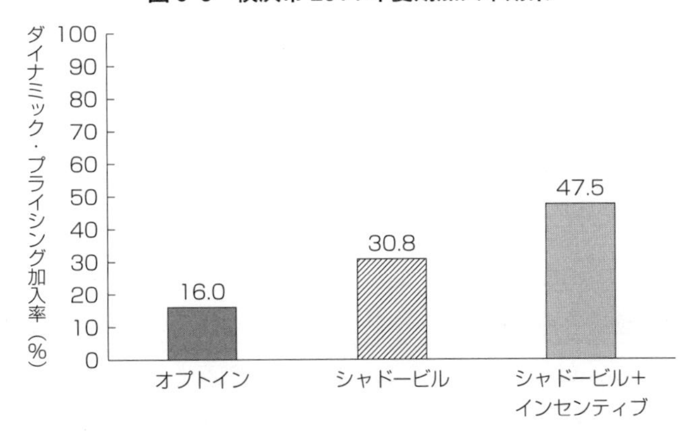


合でも，現在の選択肢にとどまってしまうことがある。アメリカのSMUD のフィールド実験の事例では，オプトイン方式では，ダイナミック・プライシングの加入率は 18% にとどまった。

横浜市のオプトイン・グループの加入率はどうであっただろうか。結果が，図 5-6 に示されている。ダイナミック・プライシングへオプトインした比率は 16.0% にとどまった。アメリカの SMUD のフィールド実験のダイナミック・プライシング加入率とほぼ同様の数字である。

そこで，どうやったら，オプトイン方式のダイナミック・プライシング加入率を高めることができるかどうか，検討しよう。シャドービル・グループに割り当てられた実験協力者がダイナミック・プライシングへオプトインした加入率は 30.8% と，ほぼ倍増した。これはなぜだろうか。スマートメーターが普及する前は，消費者は特定の時間帯における電力消費量を把握することが困難であったために，自分がダイナミック・プライシングに加入したとき，どれだけの経済的メリットが得られるのかわからない。また，この横浜市フィールド実験では，前年度にスマートメーターが設置され，HEMS を注意深くみれば，自分の特定の時間帯における電力消費量を知ることもできるが，それには心理的な煩わしさがある。このように，情報が与えられていても，それを情報処理して，経済的な意味を把握するのには一定の手間暇がかかることを，第２章でもみたように「情報摩擦（Information Friction）」と呼ぶ[12) 13)]。われわれは，シャドービルを用いて，ダイナミック・プライシングにオプトインすれば，どれだけの経済的利得（または損失）があるかをわかりやすく知らせて，この情報摩擦を引き下げたのである。

次に，シャドービル＋キャッシュ・インセンティブ・グループに割り当てられた実験協力者がダイナミック・プライシングへオプトインした加入率は47.5％と，ほぼ３倍増した。これはなぜだろうか。まず，第２トリートメント・グループ同様，シャドービルを提示したので，情報摩擦が低下したことが理由としてあげられる。次に，ダイナミック・プライシングにオプトインすれば，6000円のキャッシュ・インセンティブが与えられるので，新しい選択肢に移ることの広い意味での物理的または心理的スイッチング・コスト（ここでは，「心理的慣性（Mental Inertia）」と呼ぼう）を打ち消したのである[14)]。

続いて，３つのトリートメント・グループ別に，シャドービルの金額とダイナミック・プライシングへのオプトイン加入率の関係を図で表してみよう。図5-7(1)は，オプトイン勧誘だけのグループのシャドービルと加入率の関係を図示している。前述のとおり，オプトイン・グループはシャドービルの提示は受けていない。図中の網かけがダイナミック・プライシ

---

12）　情報摩擦は，「比較摩擦（Comparison Friction）」と呼ばれることもある。処方薬の選択の文脈で，比較摩擦を研究した論文には，Kling et al.（2012）がある。

13）　Handel and Kolstad（2013）によれば，健康保険市場では，消費者は自分たちが選択可能な保険の選択肢を熟知していない。そのために，消費者は，本来，自分たちにとって，最も利得の大きい選択肢があるにもかかわらず，他の選択肢（デフォルト）を選ぶ。

14）　Hortaçsu, Madanizadeh, and Puller（2015）は，アメリカ・テキサス州の電力小売自由化の際に，さまざまな料金メニューがインターネット上で紹介されていて，乗り換えにかかる手間暇が小さい場合でも，乗換率は低いことを示した。

## 図 5-7　横浜市シャドービルとオプトイン加入率の関係

(1)　オプトイン・グループ

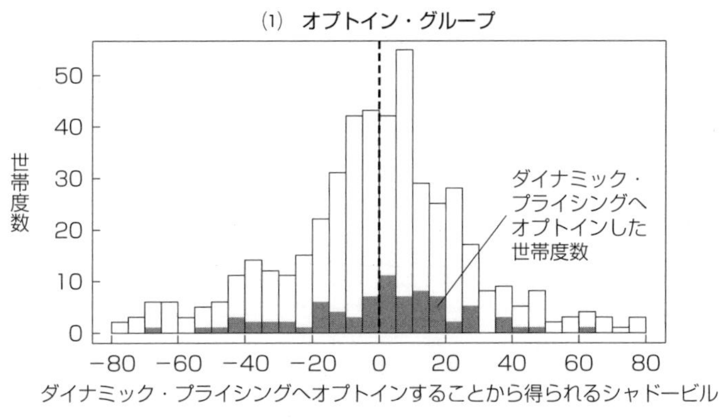


(2)　シャドービル・グループ

世帯度数
50
40
30
20
10
0
−80　−60　−40　−20　0　20　40　60　80
ダイナミック・プライシングへオプトインすることから得られるシャドービル

(3)　シャドービル＋キャッシュ・インセンティブ・グループ

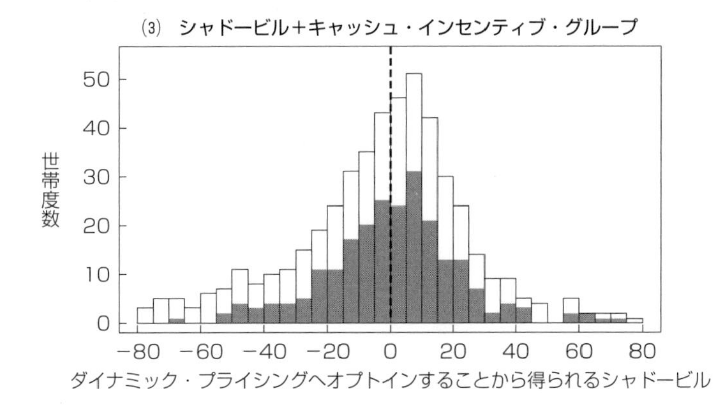

ングにオプトインした世帯度数を表している。シャドービルとオプトイン加入率には目立った相関がないようにみえる。つまり，構造的な損失者の領域（損失領域）の実験協力者も，構造的な利得者の領域（利得領域）の実験協力者も，オプトイン加入率はほぼ一様に 10～20％で分布し，それほど差がない。これは，多くの実験協力者は，自分がダイナミック・プライシングにオプトインしたらどれだけの経済的利得（または損失）が得られるのかを十分に理解できておらず，情報摩擦が発生しているためだと考えられる[15]。

図 5-7(2)は，シャドービル・グループのシャドービルとオプトイン加入率の関係を図示している。今度は，シャドービルとオプトイン加入率には，シャドービルがゼロの左右で非対称性があることがわかる。シャドービルの損失領域では加入率が 10～20％ にとどまっているのに対して，利得領域では加入率が 40～50％ まで高まっている。つまり，利得領域の実験協力者の加入率が，損失領域の実験協力者の加入率よりもずっと高い。これは，実験協力者にシャドービルを提示したために，情報摩擦が解消して，自分が構造的な利得者であることがわかったために，それならばダイナミック・プライシングにオプトインしようと思う世帯が増えたからだろう。しかしながら，構造的な利得者のすべてがオプトインしているわけではないことから，情報摩擦を超えた心理的慣性が存在し，消費者のオプトインを阻んでいることも推測される。

図 5-7(3)は，シャドービル＋キャッシュ・インセンティブ・グループのシャドービルとオプトイン加入率の関係を図示している。再び，シャドービルとオプトイン加入率の間の関係は希薄になっていることがわかる。シャドービルの損失領域でも，利得領域でも，オプトイン加入率は広い範

15）もう 1 つの可能性として，自分の経済的利得を把握していても，ダイナミック・プライシングに適切に反応すれば（つまり，十分に価格弾力的であるならば），損失が利得に転じると考えているのかもしれない。

囲で40～50%まで高まっている。これは，実験協力者にキャッシュ・インセンティブを与えたために，シャドービルの損失額が6000円未満の実験協力者が構造的な利得者になったからである。こうした心理的慣性の解消を次のように2つのプロセスで分けて考えるとわかりやすい。第1に，人間は，金額が損失か利得かに注目する。人間の損失を嫌い，利得を好む傾向を「損失回避性（Loss Aversion）」と呼ぶ。第2に，通常の経済理論が教えるとおり，人間は利得が大きくなればなるほど，それから得る効用も大きくなるが，その限界的な効用は小さくなる。われわれの実験では，キャッシュ・インセンティブで構造的な利得者に転じた世帯の加入率がアップしているので，損失回避性に訴えかける効果が，ことのほか大きかったことが推測される。

こうして，情報摩擦と心理的慣性のダブルの解消によって，構造的な損失者も含めて，シャドービルの幅広い領域から，ダイナミック・プライシングへオプトインさせることに成功した。しかしながら，シャドービルによる情報摩擦の解消，キャッシュ・インセンティブによる心理的慣性の解消は，ダイナミック・プライシングへ消極的な，価格弾力性が低い実験協力者まで，ダイナミック・プライシングに誘導してしまうために，オプトインした世帯のネット・ピークカット効果を下げてしまうかもしれない。したがって，われわれは，オプトイン促進政策がもたらすトレードオフ関係，すなわち，加入率の増加と価格弾力性の低下についても配慮する必要がある。

## 4　横浜市フィールド実験の結果(2)——ネット・ピークカット効果

それでは，横浜市オプトイン型フィールド実験のピークカット効果の結果を解説しよう。第2章で説明したように，オプトイン型フィールド実験のピークカット効果には，ネット効果とトータル効果の2つがある。ネッ

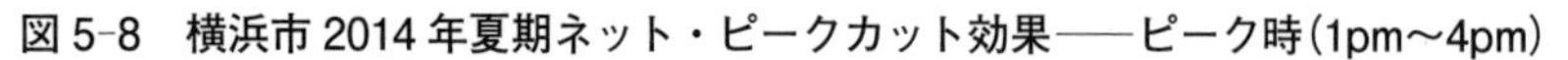
図 5-8　横浜市 2014 年夏期ネット・ピークカット効果——ピーク時(1pm〜4pm)

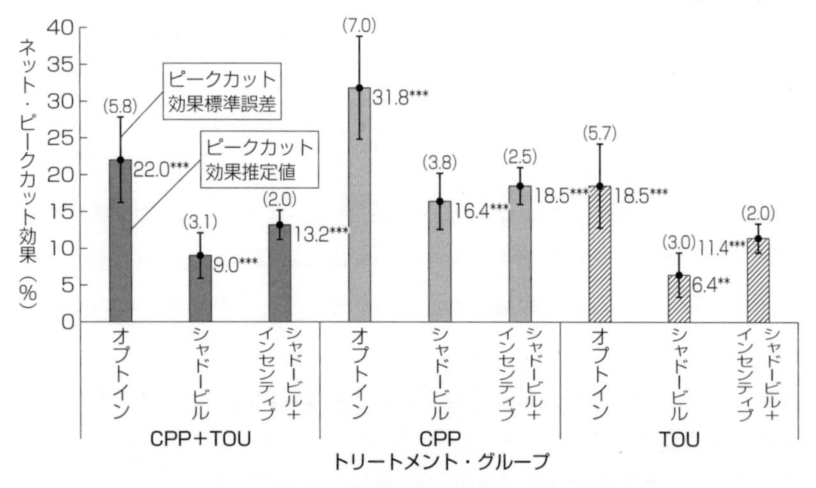


ト効果は，トリートメント・グループに割り当てられ，その中でトリートメントを受けることをオプトインした実験協力者の条件付ピークカット効果である。この効果は，トリートメントを実際に受けた実験協力者のネット・トリートメント効果を表し，「Treatment on the Treated（TOT）効果」と呼ばれる。

図 5-8 は，2014 年夏期のダイナミック・プライシング（CPP＋TOU）を実施したピーク時（1pm〜4pm）の TOT 効果，つまりは，この実験ではネット・ピークカット効果を表している。7 月〜9 月の午後，デマンド・レスポンスが発動された 14 日間に CPP＝100 円，その他の日には TOU＝45 円が設定された。

まず，CPP＋TOU を通じた夏期の TOT 効果からみていこう。前述のとおり，第 1 に，オプトイン勧誘だけのグループでは，16.0% の実験協力世帯がダイナミック・プライシングにオプトインした。そのオプトインした実験協力世帯の TOT 効果は 22.0%（5.8%）である。第 2 に，シャドービルを提示したグループでは，30.8% の実験協力世帯がダイナミック・プライシングにオプトインした。そのオプトインした実験協力世帯の TOT

効果は 9.0%（3.1%）である。第3に，シャドービルに加えて，キャッシュ・インセンティブを与えたグループでは，47.5% の実験協力世帯がダイナミック・プライシングにオプトインした。そのオプトインした実験協力世帯の TOT 効果は 13.2%（2.0%）である[16]。括弧内の数字は標準誤差であり，ピークカット効果推定値を標準誤差で割った数値は t 値と呼ばれ，この数値が 2.58 以上あれば 1% 水準で統計的に有意，1.96 以上あれば 5% 水準で統計的に有意，1.64 以上あれば 10% 水準で有意という。いずれの t 値も 2.58 を大きく超えており，1% 水準をはるかに上回り，高度に統計的有意である。

改めて，結果を見てみると，オプトイン勧誘だけのトリートメントに対して，加入率 16.0%，TOT 効果 22.0%。シャドービルを提示して，情報摩擦を低下させたトリートメントに対して，加入率 30.8%，TOT 効果 9.0%。最後に，シャドービルに加えて，キャッシュ・インセンティブを与えて，情報摩擦と心理的慣性を低下させたトリートメントに対して，加入率 47.5%，TOT 効果 13.2% である。したがって，現状維持バイアスの原因である情報摩擦と心理的慣性を低下させると，加入率を上げる（16.0% から 47.5%）一方で，TOT 効果は下がる（22.0% から 13.2%）というトレードオフが起きてしまう。

続いて，ダイナミック・プライシングの TOT 効果を CPP と TOU に分けて考察してみよう。合計 14 回発動された CPP の TOT 効果から始める。第1に，オプトイン勧誘だけのグループでオプトインした実験協力者の TOT 効果は 31.8%（7.0%）である。第2に，シャドービルを提示したグループのオプトインした実験協力者の TOT 効果は 16.4%（3.8%）である。第3に，シャドービルに加えて，キャッシュ・インセンティブを与えたグループのオプトインした実験協力者の TOT 効果は 18.5%（2.5%）であ

16）　この場合の価格弾力性をトリートメント・グループの順に列挙すると，0.285，0.117，0.171 である。

る[17]。けいはんなフィールド実験の CPP＝105 円のピークカット効果が 18.2% であったことを考えると，シャドービルとキャッシュ・インセンティブを与えた第 3 トリートメント・グループの TOT 効果（ネット・ピークカット効果）とほぼ同水準である。

CPP 発動日以外の TOU の TOT 効果に移ろう。第 1 に，オプトイン勧誘だけのグループでオプトインした実験協力者の TOT 効果は 18.5%（5.7%）である。第 2 に，シャドービルを提示したグループのオプトインした実験協力者の TOT 効果は 6.4%（3.0%）である。第 3 に，シャドービルに加えて，キャッシュ・インセンティブを与えたグループのオプトインした実験協力者の TOT 効果は 11.4%（2.0%）である[18]。やはり，TOU の TOT 効果に関しても，CPP の TOT 効果同様に，第 1 トリートメント・グループ，第 3 トリートメント・グループ，第 2 トリートメント・グループという大小関係が観察される。

## 5　横浜市フィールド実験の結果 (3)――トータル・ピークカット効果

引き続いて，オプトインする／しない（トリートメントを受ける／受けない）にかかわらず，もともとトリートメント・グループに割り当てられた実験協力者のトータル・トリートメント効果の分析に移ろう。トータル・トリートメント効果は，「Intention to Treat（ITT）効果」と呼ばれ，前述のとおり，

ITT 効果＝オプトイン加入率×TOT 効果

として定義される。図 5-9 は，2014 年夏期のダイナミック・プライシン

17)　この場合の価格弾力性をトリートメント・グループの順に列挙すると，0.229，0.118，0.133 である。

18)　この場合の価格弾力性をトリートメント・グループの順に列挙すると，0.315，0.109，0.194 である。

図 5-9　横浜市 2014 年夏期トータル・ピークカット効果――ピーク時（1pm～4pm）

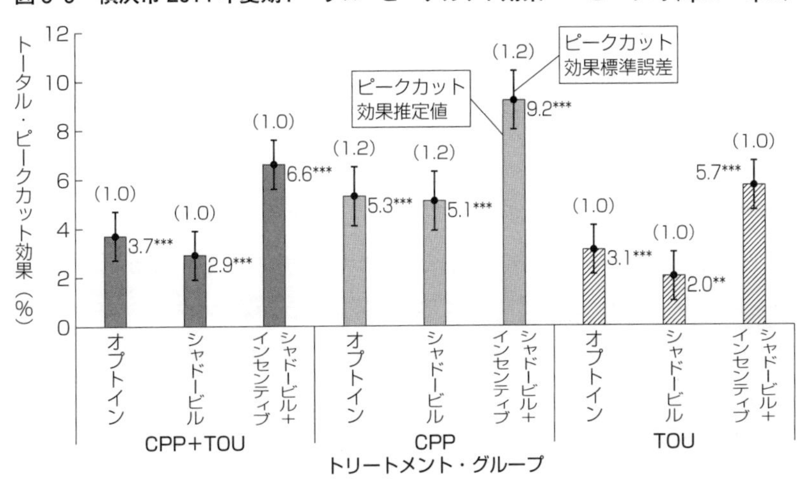


グ（CPP＋TOU）を実施したピーク時（1pm～4pm）の ITT 効果つまりトータル・ピークカット効果を表している。まず，CPP＋TOU を通じた夏期の ITT 効果からみていこう。第 1 に，オプトイン勧誘だけのグループの ITT 効果は 3.7%（1.0%）である。第 2 に，シャドービルを提示したグループの ITT 効果は 2.9%（1.0%）である。第 3 に，シャドービルに加えて，キャッシュ・インセンティブを与えたグループの ITT 効果は 6.6%（1.0%）である。括弧内の数字は標準誤差であり，いずれの t 値も 2.58 を大きく超えており，1% 水準をはるかに上回り，高度に統計的有意である。

オプトイン勧誘トリートメントとシャドービル・トリートメントを比較すると，ITT 効果は 3.7% と 2.9% と接近しており，その差は統計的に非有意であった。つまり，前節でみたようにオプトイン勧誘だけの第 1 トリートメントは，加入率が低いが，TOT 効果は高かった。反対に，シャドービルをみせた第 2 トリートメントは，第 1 トリートメントに比べて，加入率が倍になるが，ネット・ピークカット効果は半減した。その結果として，両者の ITT 効果はほぼ等しくなるのである。シャドービルとキャッシュ・インセンティブを組み合わせた第 3 トリートメントは，第 1 トリートメントに比べて，加入率が3倍になるが，TOT効果は半減まではしていなかった。その結果として，第3トリートメントのITT効果は6.6%となり，第1・第2トリートメントのITT効果の3.7%，2.9%に比較して，ほぼ倍増するのである。第3トリートメントと第1・第2トリートメントの間では，効果は統計的に有意に異なった。

続いて，ダイナミック・プライシングのITT効果をCPPとTOUに分けて考察してみよう。合計14回発動されたCPPのITT効果から始める。第1に，オプトイン勧誘だけのグループのITT効果は5.3%（1.2%）である。第2に，シャドービルを提示したグループのITT効果は5.1%（1.2%）である。第3に，シャドービルに加えて，キャッシュ・インセンティブを与えたグループのITT効果は9.2%（1.2%）である。第3トリートメントが統計的に有意に異なるという傾向は今までと同じである。

最後に，CPP発動日以外のTOUのITT効果に移ろう。第1に，オプトイン勧誘だけのグループのITT効果は3.1%（1.0%）である。第2に，シャドービルを提示したグループのITT効果は2.0%（1.0%）である。第3に，シャドービルに加えて，キャッシュ・インセンティブを与えたグループのITT効果は5.7%（1.0%）である。やはり，TOUのITT効果に関しても，第1トリートメント・グループと第2トリートメント・グループのITT効果はほぼ等しく，第3トリートメント・グループのITT効果は，それらのほぼ倍である。第3トリートメントが統計的に有意に異なるという傾向も今までと同じである。

## 6　横浜市フィールド実験の学術的貢献・政策的含意

本章の最後に，横浜市フィールド実験から得られる学術的貢献・政策的含意について，まとめておこう。第1に，臓器移植，退職年金制度，ダイナミック・プライシング等の先行研究がすでに明らかにしたように，われわれの研究でも，情報摩擦や心理的慣性に帰着する現状維持バイアスが大きいことがわかった。実際には，ダイナミック・プライシングにオプトインすれば，約半分の実験協力世帯の利得が向上するにもかかわらず，オプトイン加入率は先行研究同様，20% 以下にとどまった。人間は一般に，初期値の選択肢であるデフォルトに左右され，今よりもよい選択肢があっても，重い腰を上げて，行動を変容させようとは思わないのである。ここから得られる含意は，社会的に望ましいとされる人間の行動変容を引き出すには，意思決定者の側に判断を委ねるだけでは，不十分であるということだ。現状維持バイアスの根底にある情報摩擦や心理的慣性を解消するような政策が必要なのである。

第2に，情報摩擦や心理的慣性を引き下げるトリートメントを通じて，現状維持バイアスを是正することができた。情報摩擦を引き下げるために，ダイナミック・プライシングに加入するとどれだけの経済的利得があるのかを計算して，シャドービルとして，実験協力世帯にわかりやすく提示した。その結果，加入率は倍増した。さらに，心理的慣性を引き下げるために，ダイナミック・プライシングに加入した場合はキャッシュ・インセンティブを実験協力世帯に与えた。その結果，加入率は3倍増した。しかし，こうしたオプトイン加入率引き上げ策は，ネット・ピークカット効果であるTOT 効果を引き下げる副作用をもつので，トータル・ピークカットのようなITT 効果の優劣は自明ではなくなる。われわれの分析結果によれば，情報摩擦の解消をねらった第2トリートメントは，オプトインを勧誘しただけの第1トリートメントに比べて，加入率は倍増したものの，ネット・ピークカット効果は半減し，トータル・ピークカット効果は横ばいだった。情報摩擦解消に加えて，心理的慣性解消をねらった第3トリートメントでは，加入率は第1・第2トリートメントに比べて3倍増し，ネット・ピークカット効果もそれほどの低下がみられなかったので，トータル・ピークカット効果は倍増した。以上から，現状維持バイアスを是正し，最終的なITT 効果を高めるため，状況に応じて適切に，オプトイン向上策が検討される必要がある。

第3に，オプトイン加入率引き上げには限界があるために，デフォルトを望ましい選択肢の方に設定し，嫌ならば今までどおりの選択肢に戻ってもよいというオプトアウト方式が採用できるならば，それがトータルでみれば最も社会的に望ましいだろう。しかしながら，消費者の事前の同意なく，デフォルトを勝手に変えることは，消費者側の反発が大きい。アメリカのカリフォルニア州では，家庭の電気料金のデフォルトを，ダイナミック・プライシングに変更し，嫌ならばオプトアウトさせる電力価格政策が議論されてきた。しかし，一部の市民の強い反対もあり，決定が何度も先送りされ，ダイナミック・プライシングをデフォルトにするにしても，「ビルプロテクション（Bill Protection）」を導入することなど[19]，消費者保護策が慎重に議論されている。将来的には，オプトアウト方式の導入も課題となるが，拙速にデフォルトの変更を急いで，消費者の反発を買わないような配慮が必要である。デマンド・レスポンスの普及初期の段階では，オプトイン方式でさまざまな工夫を凝らして加入率引き上げの努力を行い，デマンド・レスポンスに対する社会的理解の幅広い浸透をはかる必要があるだろう。

## 参考文献

Benartzi, Shlomo, and Richard H. Thaler (2007) "Heuristics and Biases in Retirement Savings Behavior," *Journal of Economic Perspectives* 21(3): 81–104.

Borenstein, Severin (2013) "Effective and Equitable Adoption of Opt-In Residential Dynamic Electricity Pricing," *Review of Industrial Organization* 42(2): 127–160.

Cappers, Peter, Meredith Fowlie, Steve George, Anna Spurlock, Annika Todd, Michael Sullivan, and Catherine D. Wolfram (2015) "Default Bias, Follow-On Behavior

19）ビルプロテクションとは，新旧電力価格を比較して，もしも誤った選択をした場合でも，一定期間，余分な支払いを免除するという消費者保護策である。

and Welfare in Residential Electricity Pricing Programs," mimeo.

Einav, Liran, Amy Finkelstein, Stephen P. Ryan, Paul Schrimpf, and Mark R. Cullen (2013) "Selection on Moral Hazard in Health Insurance," *American Economic Review* 103(1): 178-219.

Handel, Benjamin R. (2013) "Adverse Selection and Inertia in Health Insurance Markets: When Nudging Hurts," *American Economic Review* 103(7): 2643-2682.

Handel, Benjamin R., and Jonathan T. Kolstad (2013) "Health Insurance for 'Humans': Information Frictions, Plan Choice, and Consumer Welfare," NBER Working Paper 19373.

Hortaçsu, Ali, Seyed Ali Madanizadeh, and Steven L. Puller (2015) "Power to Choose? An Analysis of Consumer Inertia in the Residential Electricity Market," NBER Working Paper 20988.

Ida, Takanori, and Wenjie Wang (2014) "A Field Experiment on Dynamic Electricity Pricing in Los Alamos," Research Project Center, Graduate School of Economics, Kyoto University, Discussion Paper E14-010.

Ito, Koichiro, Takanori Ida, and Makoto Tanaka (2016) "Information Frictions, Inertia, and Selection on Elasticity: A Field Experiment on Electricity Tariff Choice," presented at the 39th Annual NBER Summer Institute, Environmental & Energy Economics, Cambridge, Massachusetts, USA, July 26, 2016.

Johnson, Eric J., and Daniel Goldstein (2003) "Do Defaults Save Lives?" *Science* 302 (5649): 1338-1339.

Kling, Jeffrey R., Sendhil Mullainathan, Eldar Shafir, Lee C., Vermeulen, and Marian V. Wrobel (2012) "Comparison Friction: Experimental Evidence from Medicare Drug Plans," *Quarterly Journal of Economics* 127(1): 199-235.

Madrian, Brigitte C. C., and Dennis F. Shea (2001) "The Power of Suggestion: Inertia in 401(k) Participation and Saving Behavior," *Quarterly Journal of Economics* 116 (4): 1149-1187.

Miravete, Eugenio J. (2003) "Choosing the Wrong Calling Plan? Ignorance and Learning," *American Economic Review* 93(1): 297-310.

Oz, Mehmet C., Aftab R. Kherani, Amanda Rowe, Leo Roels, Chauncey Crandall, Luis Tomatis, and James B. Young (2003) "How to Improve Organ Donation: Results of the ISHLT/FACT Poll," *Journal of Heart and Lung Transplantation* 22(4): 389-410.

U. S. Department of Energy, Electricity Delivery & Energy Reliability (2015) "American Recovery and Reinvestment Act of 2009: Interim Report on Customer Acceptance, Retention, and Response to Time-Based Rates from the Consumer Behavior

Studies," https://www.smartgrid.gov/files/CBS_interim_program_impact_report_FINAL.pdf

# 第III部

# スマートグリッドの実装に向けて

# 第6章

# デマンド・レスポンスの社会的効果と実装

## 1　社会実証から社会実装へ

スマートグリッドを通じたデマンド・レスポンス。実現までの道程は平坦ではない。新しい端末機器や社会インフラの発展には，研究開発から社会普及にいたるまでのさまざまな途中経路が存在する。それを，図6-1を用いて説明しよう。

第1の段階は，大学・研究機関，あるいは民間企業で行われる研究開発である。研究開発にも，原理の発見を目指す基礎研究と実用化を目指した応用研究の段階があるが，そこで新製品や新サービスが開発される。例えば，スマートメーター，それらのデータを用いてエネルギーのスマートな利用を実現するHEMS，それらに対応した遠隔制御や自動制御の機能を備えたスマート家電が製作される。

第2の段階は，少数のサンプルを用いた技術実証である。研究開発で製作された新製品や新サービスを，実用的場面で試してみて，技術的課題を抽出し，必要のたびに，研究開発に差し戻して，技術的課題の解決をはかる。例えば，スマートメーターから無線信号を用いて，安定的にデータがHEMSへ送信されるかどうか，HEMSの制御機能を用いたスマート家電の自動運転が誤作動なく動くかどうか，現場での検証が必要になる。注意しておきたいのは，ここでは往々にして，技術者の観点から，最大スペックが追求されがちなことである。例えば，非常に過酷な環境において，正常に作動するかどうか，技術者のプライドをかけた競い合いが，新製品・

図6-1　社会実証から社会実装へ

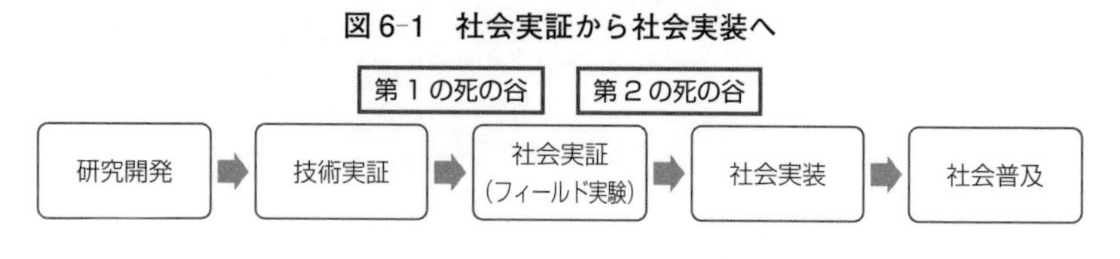

### Column ⑧ 若手研究者にとってのフィールド実験

データ分析を通じて経済理論をテストするという「経済学実証研究」の中で，RCT を用いたフィールド実験は最も科学的に因果関係を解き明かす手法である。そのため，医学等の他分野に遅れた形であれ，経済学研究がフィールド実験を重視する方向へと向かってきたのはよいことである。

ただし，若手研究者にとってフィールド実験を行うことは複数の理由で簡単ではない。まず，フィールド実験を行うには資金，時間，労力，そして各機関とのパートナーシップが不可欠である。おそらく，どの点も若手研究者にとっては過酷な点である。時間や労力に関しては若手に比較優位があるのでは，と思うかもしれないが，アメリカのテニュア・トラック（終身雇用をもらう前の段階）にいる研究者は，6年ほどしかない任期の間に結果を出す必要があり，時間は無限ではない。

次に，フィールド実験は数年の時間が必要となる場合が多いうえに，さまざまな理由により途中で失敗に終わるリスクも高い。なぜなら，研究者が自らコントロールできない場所でさまざまなことが起こるかもしれないからだ。伊藤の勤務するシカゴ大学の同僚ジョン・リスト教授は，

「Journal of Failed Experiments（失敗した実験を集めた学術雑誌）があれば投稿できる論文はたくさんある」

と冗談でよくいっている。リスト教授のような方であれば，そういったリスクをとれるが，数年で結果を出さなければ失業するという若手にとっては厳しい世界である。伊藤も大学院時代，バークレーでの指導教官からは「終身雇用を得るまではフィールド実験に手を出すな」といわれた。本書を読んでもらえればわかるように，伊藤はその教えに反して（？），日本のフィールド実験に関わってしまったわけだが，今となっては自分の教え子である博士課程の学生には同じような忠告をしている。

それでも，明らかに経済学研究はフィールド実験重視へと歩みつつある。アメリカの第一線で闘う若手研究者はこのリスクとどう向き合っているのか。われわれが知る限り，成功している若手は，⑴それぞれの実験において失敗する可能性を最小限にする努力を行い，⑵同時進行

で多くのフィールド実験を走らせている。中には，2桁に及ぶ実験を同時進行でマネージしている研究者もいる。研究者としての創造性に加えて，そういったプロジェクト・マネジメント能力も必要とされるのがこの分野の難しさでもあり，面白さでもある。

新サービスの開発の原動力となる一方で，ユーザーの求める性能からの乖離を生んでしまう。

第3の段階は，数百，数千，時には数万という多数のサンプルを用いた社会実証である。技術的には実用化に耐えうると判断された新製品・新サービスを，想定される日常の利用と同じやり方で使ってもらい，その経済的効果を費用と便益の観点から，エビデンス・ベースで検証する。この社会実証こそ，われわれが，本書で追求したフィールド実験の段階である。例えば，スマートメーター，HEMSを用いて，ダイナミック・プライシングを発動することによって，電力需給の逼迫したときに，どれだけのピークカット効果を得るかを知る。注意したいのは，ここでわれわれが知りたいのは，理想的な環境で利用した場合の最大スペックの効果ではなく，日常的な環境で利用された場合の平均的スペックなのである。研究開発された新製品・新サービスが実用化にいたらないさまざまな障害がある状況を，「死の谷（Valley of Death）」と呼ぶ。研究開発・技術実証から社会実証（フィールド実験）までの段階を，第1の死の谷と考えることができる。なぜならば，研究開発・技術実証は主に技術者主導の段階であるのに対して，社会実証（フィールド実験）は主に利用者主導の段階であり，牽引者の交代があるからだ。

第4の段階は，技術実証・社会実証に耐えた新製品・新サービスが市場に投入され，戦略的に設定された価格で販売される。そうした新製品・新サービスが，短期間の間に爆発的に普及することはまずない。例えばスマートメーターの全戸設置は何年もかけて段階的に行われ，HEMSの初期製品は数十万円することから，導入期では，ごく少数の進歩的な消費者だけが新製品を購入すると思われる。しかしながら，この段階のスペックは流動的であり，初期製品と後期製品の間で互換性すらないこともあり，何度も技術標準のアップグレードを経験することになる。

スタンフォード大学の社会学者エベレット・M. ロジャース（Everett M. Rogers）が提唱したイノベーション普及に関する理論では，新製品・新サービスの購入態度を購入の早い順に5つに分類した。

(1)「イノベーター（Innovators）」

挑戦心に溢れ，新しいものを一番に最初に購入する消費者（市場全体の数%）。

(2)「アーリーアダプター（Early Adopters）」

流行に敏感で，自ら価値判断し，購入を決定する消費者で，他者への影響力が大きい（市場全体の10% 程度）。

(3)「アーリーマジョリティ（Early Majority）」

新しもの好きではないが，多数派よりも早く新しいものを取り入れる消費者（市場全体の30% 程度）。

(4)「レイトマジョリティ（Late Majority）」

新奇性に飛びつかず，大多数が試して，問題がないことをみてから購買に踏み切る消費者（市場全体の30% 程度）。

(5)「ラガード（Laggards）」

最も保守的で，流行に関心が薄く，最後の最後まで新商品を購入しようとしない消費者（市場全体の20% 程度）。

社会実装化の段階で動き出すのは，まず，イノベーター，次に，アーリーアダプターである。しかし，アーリーマジョリティにまで，その影響力が及ぶには時間がかかり，しばしば，その波及は途中で頓挫してしまう。ここでの消費者の購買の意思決定は，価格の需給均衡に則った市場メカニズムの中で決定され，新製品・新サービスは市場の適者生存に淘汰されず，生き残らなければならない。そうすれば，大量生産に伴う，生産費用低下と実装化の好循環も生まれてくるのだが，それは非常に厳しい物語であり，第2の死の谷と呼ぶこともできよう。

最後に，第5の段階では，新製品も陳腐化し，当たり前の既製品となり，アーリーマジョリティ，レイトマジョリティへと，社会への普及が広がる。スマートメーターの全戸設置とHEMSの標準装備はほぼ達成され，スマート家電も高い普及を示し，マニュアル・デマンド・レスポンスからオート・デマンド・レスポンスへのアップグレードも実現していく。このときにいたって，電力危機，資源不足，環境問題というさまざまな社会問題の解決が射程に入ってくる。われわれの目指すゴールである。

## 2　デマンド・レスポンスによる社会厚生の増大

最近，「エビデンスに基づいた政策（Evidence Based Policy; EBP）」という言葉をよく聞く。われわれは，フィールド実験を用いて，スマートグリッドという新製品・新サービスの効果を客観的に検証し，そのエビデンスをもって，技術者から消費者へ主役が交代する第1の死の谷，実証から市場へと舞台が変わる第2の死の谷を渡りきるための橋をかけようとしている。

節電要請とダイナミック・プライシングという2つのトリートメントでピークカットを行った場合，日本全体でどれだけの社会厚生の増加があるだろうか。エビデンス・ベースで経済政策を検討するうえで，経済効果を金銭換算して表示することは重要である。本節では，けいはんなの実証結果を用いてデマンド・レスポンスの社会厚生効果を試算する。

まず，図6-2を用いて，社会厚生効果を図解しよう。ここでは，単純化のため，需要曲線を線形で表すが，考え方は非線形需要曲線にも適用でき

図6-2　社会厚生効果の図解

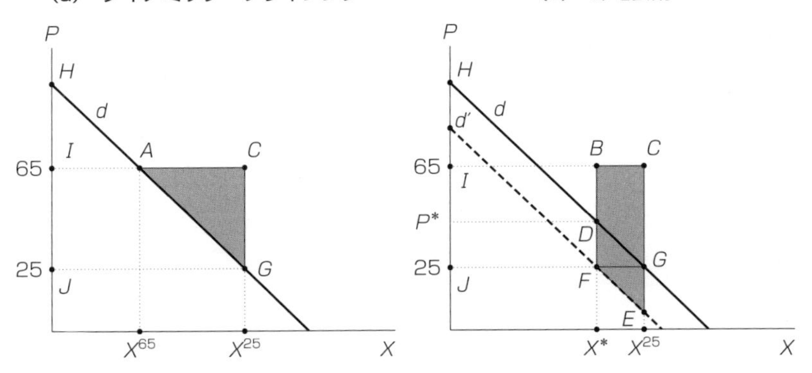


る[1]。通常の需要曲線を$d$で表そう。現在の電力価格は25円/kWhとする。そのとき，電力需要量は$X^{25}$とする。実際の発電の限界費用は65円/kWhとする。このとき，$P$=25円から$P$=65円へと，電力価格を引き上げるのが，経済学が教える社会的に最適な資源配分となる。$P$=65円に対応する電力需要量を$X^{65}$とする。電力需要量が$X^{25}$から$X^{65}$へと変化するとき，社会厚生の増加はどれだけであろうか？ まず，消費者余剰は△$HGJ$から△$HAI$に変化するので，その低下は□$IAGJ$で表される。次に，生産者余剰は□$ICGJ$の赤字がゼロになるので，その増加は□$ICGJ$で表される。したがって，社会厚生の増加は，△$ACG$=□$ICGJ$−□$IAGJ$で表される。これが，ダイナミック・プライシングを通じたデマンド・レスポンスの社会厚生効果である[2]。

1)　以下の社会厚生の計算においては，需要の価格弾力性が一定となる線形対数需要曲線を仮定した。

2)　ここでは，ダイナミック・プライシングのピーク時の効果についてのみ議論している。オフピーク時に関しても，発電の限界費用と電力価格の乖離のため過小需要が発生する状況を，ダイナミック・プライシングにより是正する効果を議論できる。その場合，逆に消費者余剰が増加し，生産者余剰が低下するが，合計すると社会厚生が増加する。

ダイナミック・プライシングではなく，節電要請を通じたデマンド・レスポンスを実施しよう。節電要請によって需要が小さくなり，需要曲線が，$d$ から $d'$ へ，あたかも左にシフトする。価格は $P=25$ 円のままなので，電力需要量は $X^{25}$ から $X^{*}$ へと減少する。このとき，消費者余剰の低下は，消費できなかった分の $X^{25}-X^{*}$ に対応する△$DGF$ で表される。生産者余剰は□$ICGJ$ の赤字から□$IBFJ$ に小さくなるので，その増加は□$BCGF$ で表される。したがって，社会厚生の増加は，□$BCGD$＝□$BCGF$－△$DGF$ で表される。

節電要請の社会厚生の増加は，□$BCGD$ だけではない。節電要請に協力して得るウォーム・グロウ分の効用を考える必要がある。節電要請ではなく，価格で $X^{25}$ から $X^{*}$ へ電力需要量を削減するには，価格を $P^{*}$ へ引き上げる必要がある。つまり，消費者は（$P^{*}-25$）円だけ，節電協力に対する支払意思額をもつとも解釈できる[3)]。節電量は $X^{25}-X^{*}$ であるから，節電によって得る効用は□$DGEF$ と考えられる。したがって，ウォーム・グロウを考慮に入れた社会厚生の増加は□$BCEF$＝□$BCGD$＋□$DGEF$ となる。

以上の考え方に基づいて，図 6-3 に描いたように，けいはんなのデマンド・レスポンス実証結果を用いて，（関西地域だけではなく）日本全国の 2012 年夏期社会厚生効果を計算した。以下では，最も保守的な計算値として，CPP＝65 円としよう。まず，最初の第 1 ターンの 3 日間のデマンド・レスポンスを考える。節電要請の社会厚生効果は 15 億円（ウォーム・グロウの効用含む），ダイナミック・プライシングの社会厚生効果は 16.8 億円である。最初の 3 日間だけならば，ウォーム・グロウの効用も加味すれば，節電要請の効果はそれなりに大きく，ダイナミック・プライシング

3)　実際に，けいはんなフィールド実験データから，節電協力に対する支払意思額を計算したところ，約 17 円/kWh であった。つまり，節電要請を実施するのと，電力価格を 17 円/kWh 引き上げて，42 円/kWh に設定するのとでは，同じピークカット効果をもつのである。

図6-3　けいはんな2012年夏期社会厚生効果

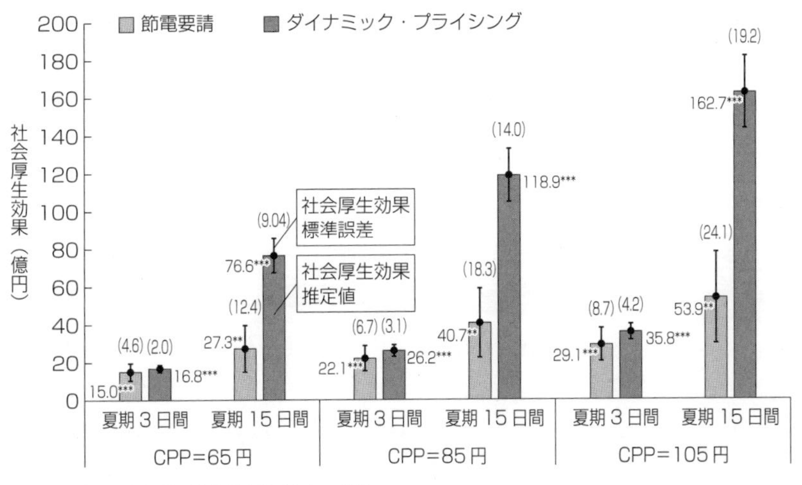


（注）　数値は日本全国の社会厚生効果として計算。

の効果と大差ない。しかし，夏期15日間ならば，両者の効果の差は大きい。節電要請の社会厚生効果は27.3億円，ダイナミック・プライシングの社会厚生効果は76.6億円である。

CPP＝85円，CPP＝105円を仮定した場合，社会厚生効果はどうなるだろうか。CPP＝85円に対して，夏期3日間ならば，節電要請の社会厚生効果は22.1億円，ダイナミック・プライシングの社会厚生効果は26.2億円である。夏期15日間ならば，節電要請の社会厚生効果は40.7億円，ダイナミック・プライシングの社会厚生効果は118.9億円である。CPP＝105円に対して，夏期3日間ならば，節電要請の社会厚生効果は29.1億円，ダイナミック・プライシングの社会厚生効果は35.8億円である。夏期15日間ならば，節電要請の社会厚生効果は53.9億円，ダイナミック・プライシングの社会厚生効果は162.7億円である。つまり，夏期を通じて，ダイナミック・プライシングによるデマンド・レスポンスを行えば，最大，100億円を超える社会厚生効果を期待できる。

この社会厚生効果は，発電の限界費用と電力価格が乖離し，電力の過剰需要が発生していることを是正する短期の経済効果である。実際のデマンド・レスポンスによって，節電が定着化し，将来の発電投資が不要になれば，長期の社会厚生効果は非常に大きい。簡単な試算として，割引率4%を用いて，10年間で投資費用を償還すると仮定して，天然ガス火力発電の建設費用を1500万円/MWと考えよう。2012年の日本の家庭部門の最大ピーク電力消費量は4万6800 MWと推定されることから，われわれが第4章図4-5で示した16.7%のCPP平均のピークカット効果は7816MWに相当する。したがって，ダイナミック・プライシングを通じたデマンド・レスポンスの長期社会厚生効果は，年間1172億円となり，1000億円を超える経済効果を期待できる。もちろん，この数字は，実際に停電が起きたときや，停電が起きそうになったときに，社会が負わなければならない社会的費用をいっさい含んでいない数字である。そう考えれば，大きな効果だといえるのではないか。

なお，ここで試算したデマンド・レスポンスの社会厚生効果は，スマートメーターが日本全国の家庭で普及していることを前提としている。現実にも，家庭へのスマートメーターの導入は進んでいる。各電力会社が表明している計画では，沖縄を除く全国で2023年度末までには全家庭へのスマートメーターの設置が完了する予定である。沖縄電力でも，1年遅れの2024年度末には設置完了を予定している。最も早い東京電力では，2020年度末には，区域内の全家庭へのスマートメーターの設置完了を計画している。スマートメーターは，デマンド・レスポンスに使われるだけでなく，もっと幅広く，遠隔での検針や供給開始・停止を行える等，業務効率化にも役立つ。このように，スマートメーターは社会的インフラの1つとして全国的な整備が進められている。

## 3　電力自由化の進展

第1章で述べたように，伝統的な電気事業では，電気を作り出す上流の発電部門と，電気を最終の消費者に販売する下流の小売部門とに大別される。上流の発電所と下流の消費者は，送配電のネットワークによりつながる。日本の電気事業は，高コスト構造であるなどと指摘され，1990年代から段階的に改革が進められてきた。以下では，日本の電力自由化を概観しよう。

改革が始まる前は，電力会社は地域独占が認められ，各々のエリアで上流から下流まですべての電気事業を一貫体制で担ってきた。この垂直一貫体制に対して，欧米諸国と同様に，日本の電気事業でもまず上流の発電部門から自由化の取り組みが始まった。1995年の電気事業法改正により，電力会社の火力電源の調達に関して卸供給入札制度が導入され，発電部門の競争が開始された。「IPP（Independent Power Producer）」と呼ばれる独立系発電事業者の発電市場への参入が認められ，卸供給を行うことが可能となった。IPPは，製鉄会社や石油精製会社のように自社の設備を有効活用して発電し，卸供給をする事業者が多い。

上流に続いて，下流の小売部門でも自由化が段階的に進められた（図6-4）。2000年には，大規模需要家に対して電力を小売販売することが可能となった。具体的には，特別高圧需要家（契約電力2000 kW以上，受電電圧2万V以上）である大きな工場やオフィスビル，デパート等の大規模な需要家が対象となった。これを機に，「PPS（Power Producer and Supplier)」と呼ばれる特定規模電気事業者が小売市場に参入し，大口の需要家の獲得を，既存の大手電力会社と競うようになった。PPSは今では「新電力」と呼ばれている。さらに2005年には，小売自由化の対象が高圧のすべての需要家（契約電力50 kW以上，受電電圧6000 V以上）にまで拡大し，

図 6-4　電力の小売自由化の経緯

| 【契約 kW】 | 対象需要家（イメージ） | 2000 年 3 月～ | 2004 年 4 月～ | 2005 年 4 月～ | 2016 年 4 月～ |
|---|---|---|---|---|---|
| | 大規模工場 | 自由化部門（電力量 26%） | 自由化部門（電力量 40%） | 自由化部門（電力量 62%）※電力量は 13 年度 | 全面自由化 |
| 【2,000 kW】 | 中規模工場 | 規制部門（電力量 74%） | | | |
| 【500 kW】 | 小規模工場 スーパー 中小ビル | | 規制部門（電力量 60%） | | |
| 【50 kW】 | コンビニ 町工場 家庭 | | | 規制部門（電力量 38%）※電力量は 13 年度 | |

（出所）　経済産業省（http://www.kanto.meti.go.jp/seisaku/denkijigyo/data/20160210setsumeikai_shiryo1.pdf）。

中小の工場等への電力の小売販売が可能となった。全体でみると，電力量にして約 6 割に相当する需要家が小売自由化の対象となったが，家庭等の残る約 4 割の小口消費者への対象拡大はその後約 10 年待たされることになる。なお，2005 年には，全国規模の卸市場である「日本卸電力取引所（Japan Electric Power Exchange; JEPX）」が取引を開始し，電力調達手段の多様化がはかられた。

次の大きな改革が行われるまでには，約 10 年の間があく。契機となるのは，2011 年 3 月の東日本大震災とそれに続く福島第一原子力発電所の事故である。震災とその後の供給力不足を機に，安定供給の確保や電気料金の抑制，消費者の選択肢と事業者の事業機会拡大等の観点から，電気事業制度を抜本的に見直す改革が 3 段階で実施されることになった。第 1 弾が，2015 年 4 月の「電力広域的運営推進機関」（OCCTO）の創設である。広域的運営推進機関の主な機能は，電源の広域的な活用に必要な送電ネットワークのインフラ整備を進め，また全国規模で平常時・緊急時の電力需給調整機能を強化することにある。第 2 弾が，2016 年 4 月の電力小売の全面自由化である。これにより，取り残されていた家庭や商店，コンビニ等の小口需要家への電力の小売販売が自由化された。電力の小売事業者からすると，全国で約8500万の家庭や商店等の小規模顧客への販売機会が開かれた。消費者の視点に立てば，一般家庭でも，料金メニューやサービスを比較して，既存の電力会社や新規参入の事業者の中から好きな会社を選択できるようになったといえる。なお，2016年に発電・小売・送配電ネットワークの3つに分類される事業ライセンス制が導入され，既存の電力会社であれ新規参入企業であれ，行う事業ごとのライセンスを取得する形となった。

第3弾が，2020年に予定されている電力会社の送配電部門の法的分離である。これは，電力市場のより活発な競争を担保するために，既存電力会社の送配電部門を中立化し，誰でも自由かつ公平に送配電ネットワークを利用できるようにしようとする措置だ。従来の垂直統合型の電力会社の「発送電分離」を実現することになる。こうして，1990年代から段階を踏んで進められてきた電力自由化は，大きな節目を迎えようとしている。

## 4　新電力によるデマンド・レスポンスの先進的な取り組み

電力小売自由化の開始と時を同じく2000年に誕生したPPS，今の言葉でいえば新電力の1つにエネットがある。NTTファシリティーズ，東京ガス，大阪ガスの3社により設立された会社で，販売電力は新電力の中では最大のシェアを有し，沖縄電力の供給規模をすでに超えている。エネットは，情報通信技術を活用しながら，本書で論じたデマンド・レスポンスの先進的な取り組みを現実のビジネスの中で展開している。

まず，電力の需給状況に応じて法人需要家向けにデマンド・レスポンスを発動する「エネスマート」と呼ぶサービスを提供している。特に2012年の夏期には，製造業，サービス業，教育関係等の法人需要家に対して，クリティカル・ピーク・プライシング（CPP）を実施している。これは，本書で紹介した「次世代エネルギー・社会システム実証事業」でも対象となったCPPと同様のダイナミック・プライシングである。電力需給の逼迫が予想される緊急ピーク時には高めの価格を課す代わりに，それ以外のときには低めの価格が設定される。こうすることで，対象の法人需要家は，需給逼迫時に電力消費を抑制するインセンティブをもつ。2012年夏期のこの取り組みは，一般家庭が対象ではないが，現実の法人向けビジネスとして需要家にCPPを提供した先進的な事例といえる。

2012年の夏期にはまた，同じく法人需要家を対象に，クリティカル・ピーク・リベート（CPR）によるデマンド・レスポンスも行っている。電力需給の逼迫が予想される緊急ピークに電力消費を削減した場合に，法人需要家は削減量に応じてリベートを受け取る。これにより，対象需要家は需給逼迫時に電力使用を抑制するインセンティブをもつ。エネットは，その後CPRのメニューをさらに多様化して，要請に応じて確実に消費を削減できる需要家には高いリベートを払う契約，他方，要請に対してできるときにだけ消費抑制の協力をする需要家には低いリベートを払う契約を用意した。こうして，エネットはよりきめ細かいメニューを用意してデマンド・レスポンスの社会実装化を試みている。なお，エネットは，法人需要家に対して電力消費の「見える化」サービスも提供している。

一般家庭を対象とするものとして，エネットは，マンション住民向けにデマンド・レスポンスを発動する「エネビジョン」と呼ぶサービスを，NTTファシリティーズを通して提供している。対象となるマンション住民は，インターネット上のポータルサイトを介して「見える化」サービスの提供を受け，リアル・タイムの消費電力を把握することができる。この他にも，電気使用量に関するマンション住民内のランキングや，自分の$CO_2$の排出量の換算値等も知ることができる。そして，電力需給の逼迫時には，携帯メール等により住民に電力消費の抑制依頼が届き，住民が節電に協力すると電気料金の支払いに充当可能なポイントを付与される。これは，実質的にCPRによる家庭向けのデマンド・レスポンスだといえる。

このように，電力小売の自由化を機に市場に参入した新電力が，自らの経営判断としてデマンド・レスポンスの先進的な取り組みを展開していることは興味深い。もちろん，デマンド・レスポンスのサービスを提供するのは，自社の収益に関して有利となると考えているからである。エネットの取り組みは，電力自由化時代のデマンド・レスポンスの方向性に関する示唆をわれわれに与えてくれる。次節では，この点について考えてみよう。

## 5　電力小売自由化時代のデマンド・レスポンス

本章第2節では，日本全体でみて家庭のデマンド・レスポンスが潜在的にどれだけ社会厚生上の効果をもちうるかを試算した。電力小売の全面自由化の時代には，社会的に望ましいデマンド・レスポンスの取り組みは，はたして市場環境の中で実践されていくのだろうか。

一般家庭への電力小売が解禁される以前は，家庭用の電気料金は当局の規制下にあった。規制料金の時代であれば，社会厚生を増大させるための政策的観点から，CPP等のダイナミック・プライシングの社会実装化を国の関与により検討する余地があったであろう。しかし，家庭への電力小売が全面自由化された後，新規参入の小売事業者はそれぞれの料金メニューや水準を原則として自由に決めることが許されるようになった[4)]。これは，世の中の他の一般的な財・サービスの価格が競争市場で決まるのと同じで当然のことである。

そこで，電気料金への国の関与がなくなる小売全面自由化の時代に，社

4)　全面自由化後も，従来地域独占であった電力会社に対しては経過措置として家庭の電気料金への規制が残るが，発送電分離が行われる2020年以降に，競争の進展状況を確認した後に規制が解除される予定である。

会的に望ましいデマンド・レスポンスの取り組みが，市場を通じて自律的に根づいていくのかが問題となる。以下では，電力小売の供給側の視点と電力を消費する需要側の視点の両面から議論する。

まず，供給側を見てみよう。小売電気事業を営もうとする者は，経済産業省に登録を行う必要がある。経済産業省は，必要な供給力を確保できる見込みや小売事業を適正に遂行できる見込みがあるかなどの点を審査のうえ，事業者登録を行う。2016 年 4 月の電力小売の全面自由化以降，半年後には 350 社が小売電気事業の登録を行っており，その数はその後も増加している。都市ガス・LP ガス，石油，通信・放送関連等多種多様な企業が事業登録を済ませた。事業登録をしても，実際にすぐに家庭向けに小売販売を開始するとは限らないが，電力小売ビジネスへの参入意欲が高いのがみてとれる。

こうして電力の小売販売に参入した事業者が，経営判断として CPP や CPR 等によるデマンド・レスポンスの取り組みを自発的に行うとすれば，それにはどのようなメリットがあるのだろうか。一番のメリットは，小売事業を行うための電力の調達コストを低減できることである。電力小売を営む事業者は，通常，電力の調達手段として，卸電力市場である JEPX を活用したり，自ら発電所を保有して発電するなどしている。電力の需給が逼迫するときには，この電力の調達コストが増大する。したがって，需給逼迫時にデマンド・レスポンスにより顧客の需要量を抑制することができれば，小売事業者にとっても割高な電力の調達を抑えることでコストを低減できる。

このことを卸電力市場の JEPX を例にとってもう少し見てみよう。図 6-5 は，JEPX における卸電力の 1 日前市場（スポット市場）に関して，2013 年 8 月 19 日から 23 日まで（平日）の 30 分ごとの均衡価格の動きを示している。1 日前市場では，文字どおり実際の取引の前日に，30 分ごとの卸電力について，発電事業者の供給入札と小売事業者の需要入札を受け付けて，需要と供給が均衡するように価格と取引量を決める。オフピーク

図 6-5　JEPX の卸電力の値動き（2013 年 8 月 19 日～23 日）

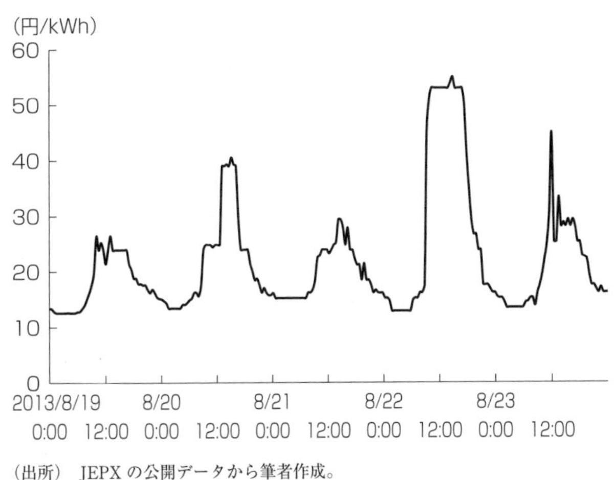


（出所）　JEPX の公開データから筆者作成。

である夜間の価格は 1 kWh あたり 10 円台前半で推移するが，日中のピークには需給状況が厳しくなるため価格が上昇し，日によって 25 円から 55 円まで高騰している。8 月 20 日と 23 日は，日中ピークの価格が 40 円を超えている。特に，8 月 22 日には最高気温が，名古屋で 38.4℃，大阪で 37.2℃ を記録するなど全国的に猛暑となった。電力の需給逼迫から，1 日前市場の卸電力価格も 8 月 22 日は最高で 55 円をつけた。

小売電気事業者からすれば，2013 年 8 月 19 日～23 日の週のように電力需給が逼迫する状況では，日中ピークの卸電力価格の高騰により電力の調達コストも増大する。小売事業者が，自分の顧客からデマンド・レスポンスを引き出すことができれば，日中ピークの電力の調達量を減らすことができ，コスト負担も減るのでメリットとなる。小売事業者が自ら発電所を保有して発電する場合にも同様の議論が成り立つ。電力の需給逼迫時に自分の顧客の需要量が増大すると，所有する発電所でどんどん焚き増すことになり出力上限に近づいていく。発電の限界費用は逓増傾向にあるので，コスト負担も増していく。自分の顧客からデマンド・レスポンスを引き出すことは，やはり小売事業者のコスト負担を緩和する。

このように，電力の小売事業者は，経営判断からCPPやCPR等によるデマンド・レスポンスの取り組みを自発的に実施するインセンティブをもつ。前節で取り上げたエネットによる法人需要家やマンションの住民向けのデマンド・レスポンスのサービスは，そのよい事例といえよう。

次に，需要側に関しては，デマンド・レスポンスはどのようなメリットをもたらすであろうか。消費者にとっての最大のメリットは，短期的にも長期的にも電気料金の水準が低下する恩恵を受けられることである。これは，デマンド・レスポンスにより，供給側の短期・長期のコストが低下し，企業間の競争環境が整っていれば，結果的に消費者が直面する価格水準も下がっていくと考えられるからである[5)]。

デマンド・レスポンスは小売事業者の電力調達コストを低減させるという，先の議論を思い出そう。小売事業者の電力調達のコストが下がれば，競争環境の中で，短期的にも消費者の直面する価格水準に下落圧力が加わる。さらには，デマンド・レスポンスによりピーク需要のカットが継続的に実現できるならば，長期的にみてピーク用の電源を削減できることになる。年間で稼働する時間が少なくコストの面で割高のピーク電源を削減できることは，社会全体で発電事業に関するコストを低下させる。これにより，結果として長期的にも消費者が直面する価格水準に低減圧力が加わる。

以上，デマンド・レスポンスは，小売電気事業者と消費者ともにメリットがあり，両者とも導入するインセンティブをもつ。電力小売自由化時代においても，デマンド・レスポンスが社会に実装されていくことは可能であるといえよう。

---

5)　CPP等のダイナミック・プライシングの設計では，通常，ピーク時には価格を上げる一方で，それ以外のオフピーク時には価格を下げる。ここではピーク・オフピーク，押し並べての価格水準を論じている。

## 6　デマンド・レスポンスの社会実装化に向けて

さまざまな商品の価格を比較できるウェブサイト「価格.com」で，いまや電力小売事業各社の電気料金の水準を比べることができる時代となった。2016年4月の電力小売の全面自由化以降，実際に家庭向けに小売販売を開始した事業者の電気料金メニューをみると，まだシンプルなものが多い。電気とガスのセット割引，電気と通信のセット割引等，多様なプランも登場しているが，現時点では，電気料金自体は全時間帯を通じて均一のフラット料金のものがほとんどのようだ。電力小売に初めて直面する事業者も消費者もまだ手探りの状態にあり，まずわかりやすいシンプルなフラット料金により，価格競争が始まったとみることができる。今後，電力小売自由化が浸透し，市場が成熟していく過程で，事業者と消費者の両者にメリットのあるデマンド・レスポンスのサービスが普及していくであろう。

小売電気事業者の電力調達の動向に目を向けると，現在は「常時バックアップ」という特殊な仕組みが存在する。常時バックアップとは，新規参入の小売電気事業者が，既存の電力会社から，必要に応じて一定量の電力の融通を受けられる仕組みである。これは，電力市場が卸売・小売ともにまだ未成熟であり，競争環境を整備するための措置と位置づけられる。新規参入の小売事業者は，ベース用の電力としてだけでなく，顧客のピーク需要をまかなうためのピーク用の電力としても，常時バックアップを一定量まで現在利用している。常時バックアップの単価は月間で固定され，平均的な単価はほとんど10円/kWhを超えない。常時バックアップは一定量までしか使えないとはいえ，小売事業者のピーク用の電力調達のコスト負担を緩和している。しかし，卸電力市場の整備・活性化に合わせて，将来的には常時バックアップは廃止の方向にある。今後常時バックアップが廃止される方向に進めば，小売電気事業者のピークの電力調達コストは上昇圧力を受けうるので，ダイナミック・プライシングによるデマンド・レスポンスを導入するインセンティブがより増すであろう。

最後に，デマンド・レスポンスの社会実装化に向けて，消費者側の問題にも言及しておこう。第5章で分析したように，消費者が何らかの財・サービスの選択を行うときには，「情報摩擦」に直面しやすい。小売電気事業者がより有利な条件のデマンド・レスポンスのサービスを提示したとしても，消費者は情報摩擦のせいで旧来の料金メニューに固執するかもしれない。小売電気事業者が「シャドービル」のような情報提供を有効に行うことが，情報摩擦の解消に役立つ。またさらに，キャッシュ・インセンティブを与えることも，消費者がデマンド・レスポンスのサービスを選択するよう促すことを第5章でみた。小売電気事業者が消費者に支払う合計金額よりも電力調達コストの低減幅が大きい場合には，キャッシュ・インセンティブ付与の仕組みが小売ビジネスの中でも成立しうる。新しい財・サービスに直面したときに，スイッチするのがより有利となる場合であっても，思いのほか消費者の腰は重いものである。小売電気事業者のビジネスには，行動経済学の知見も活かした創意工夫が必要となる。

# 第7章 スマートグリッドの新展開

## 1　ネガワットを市場で取引する

電力システム改革が着々と進む中，スマートグリッドの発展とともに，家庭，ビル，工場等のデマンド・レスポンスを活用する場が大きく広がろうとしている。本章では，スマートグリッドとデマンド・レスポンスの新展開を概観する。

まず，需要側のデマンド・レスポンスを供給側が利用できる「資源」として位置づける考え方について確認しよう。簡単な例として，A 社と B 社の 2 社が電力の供給を受ける需要家だとする。ある時間に A 社は 70 kWh，B 社は 30 kWh の電力を消費しようと計画している。消費に見合うよう両社への電力の供給は合計で 100 kWh が予定されている。図 7-1 はこの状況を示す。今仮に，B 社があと 1 kWh 多く消費したいとする。このとき，もし A 社が 1 kWh の節電をしたとすれば，この分を B 社への供給に振り替えることができる。つまり，A 社の節電量 1 kWh＝B 社への供給量 1 kWh となる。このように，需要側のデマンド・レスポンスによる節電は，供給力とみなすことが可能である。

図 7-1　節電の供給増大効果

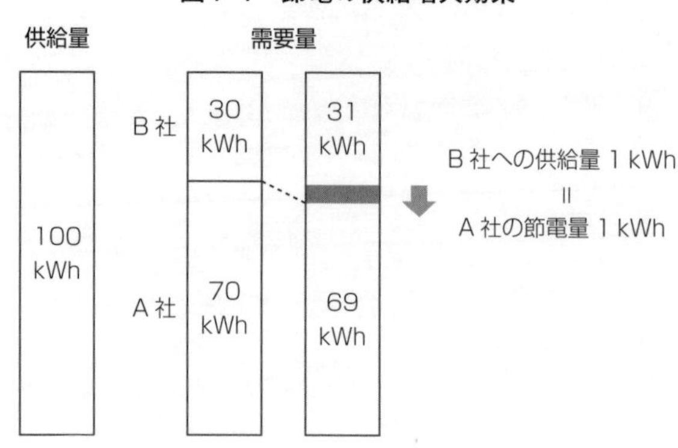

デマンド・レスポンスによる節電は，「負の消費」であるとみなして「ネガワット（Negawatt Power）」と呼ばれることがある。このネガワットを供給力として市場を通じて売買しようとするのがネガワット取引である。発電所の作り出す電力がそうであるように，需要側の生み出すネガワットも市場で値付けされ，売買取引が可能となる。

ネガワットはさまざまに異なる形態で市場取引することができる。その1つは，卸電力市場を活用することである。卸電力市場において，発電された電力と同様に，ネガワットも供給量として売入札を受け付ける。発電電力とネガワットの売入札は供給曲線を構成する。他方，通常の小売電気事業者等の買入札は需要曲線を構成する。これらの供給曲線と需要曲線の交点で均衡価格が決まる。卸電力市場では，ネガワットはこの均衡価格で販売されることになる。ネガワットの売入札が増えることは，供給曲線を右にシフトさせるので，卸電力市場の均衡取引量を増やし，また均衡価格を下げる効果をもつ。

卸電力市場だけでなく，ネガワットは相対取引によっても売買できる。需要側が生み出すネガワットに対して，小売電気事業者が供給力としての価値を見出せば，相対契約により個別に価格を決めて取引が可能である。このように，デマンド・レスポンスはネガワットの形で値付けされて，多様な形態で市場取引の中に組み込まれることになる。

## 2　需要側を束ねるアグリゲーター

卸取引にせよ，相対取引にせよ，ネガワット取引市場が成功する鍵は，個々の需要家のデマンド・レスポンスをいかに効果的に束ねるかにある。家庭，ビル，工場等の需要家の数はきわめて多く，電力取引全体からみれば個々の規模は非常に小さい。もしも個々の需要家がそれぞれ別々にネガワットを売買しようとすれば，取引コストがかさみ非効率である。そこで，

図 7-2　アグリゲーター事業のイメージ

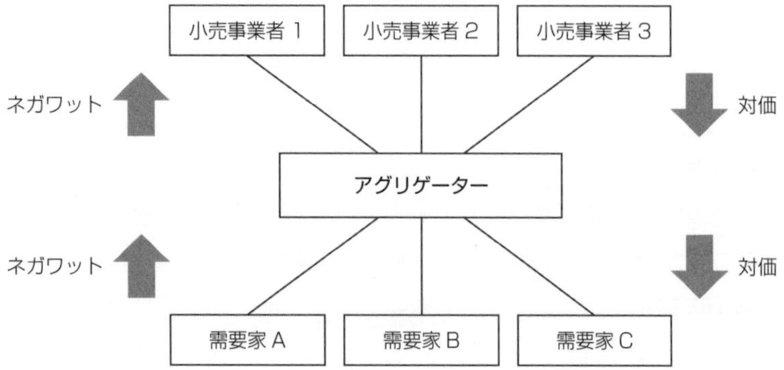

個々の需要家のデマンド・レスポンスを束ねるアグリゲーターと呼ばれる事業者が，ネガワット取引市場において重要な役割を担うことになる。

図 7-2 は，相対のネガワット取引の典型的な例を示している。ネガワット事業者と位置づけられるアグリゲーターが，家庭，ビル，工場等の需要家と契約を結び，デマンド・レスポンスとそれにより生み出されるネガワットを束ねる。個々の需要家はアグリゲーターにネガワットを供給して対価を受け取る。他方，アグリゲーターは束ねたネガワットを小売電気事業者に供給力として販売することで，対価を受け取る。この例では，需要家が電力消費を削減した場合にリベートを受け取るとみなせるので，クリティカル・ピーク・リベート（CPR）によるデマンド・レスポンスの応用例とも解釈できる。アグリゲーターが第三者として介在することで，多様な小売電気事業者と需要家の間のネガワット取引が，より少ない取引コストで実現できる。

アメリカでは，デマンド・レスポンスのアグリゲーターとして現実のビジネスを手がける会社が登場してきている。例えば，最大手といわれるエナノック（EnerNOC）は，アメリカを中心としてオーストラリアやカナダ等でサービスを展開し，ナスダック市場（NASDAQ）にも上場している。エナノックは，主に工場やビルのデマンド・レスポンスをアグリゲーターとして束ねており，同社によると削減可能な電力は合計で約900万kWにのぼるといわれる。さらにエナノックは，2013年末に丸紅と合弁会社を設立し，日本でもデマンド・レスポンスのアグリゲーター・ビジネスの展開に力を入れている。

特に，経済産業省は「次世代エネルギー・社会システム実証事業」において，デマンド・レスポンスのアグリゲーター事業の実証を行い，東芝や日立製作所等の企業が参加した。また，上述のとおり丸紅はエナノックと組み，他方，双日はフランスのシュナイダー・エレクトリック（Schneider Electric）と組んで，この実証に参加した。このように日本でも，海外企業を巻き込んでデマンド・レスポンスのアグリゲーター・ビジネスが本格化しようとしている。

## 3　手動から自動のデマンド・レスポンスへ

今後デマンド・レスポンスに関して有望と考えられているのが，人間の手による手動応答から，システムによる自動応答への進化である。手動のデマンド・レスポンスでは，需要家はメールや電話等による連絡を受けて，文字どおり自分の手で機器の調整を行い電力消費を削減する。これに対して，一連の応答の流れを自動化してしまうのが「オート・デマンド・レスポンス（ADR）」である。ADRでは，電力会社，小売電気事業者，アグリゲーター，需要家等の参加者が，システムとしてネットワークを介して一体化される。デマンド・レスポンスの発動は，信号として需要家のエネルギー管理システム（家庭のHEMS，ビルのBEMS，工場のFEMS）に伝達され，自動で空調や照明等の機器・設備をコントロールすることで電力消費が削減される。遠隔からの自動制御によるデマンド・レスポンスは，手動の方法よりも効果的に電力消費を管理できると期待されている。

ADRでは，参加者間で信号のやりとりをするための通信規格が必要となる。その代表的なものが，アメリカ・カリフォルニア州のローレンス・バークレイ国立研究所（LBNL）が開発したOpenADRと呼ばれる通信規格である。カリフォルニア州は，2000年から2001年にかけて電力供給が不足して大きな停電が頻発する「電力危機」に陥った。LBNLはいちはやくADRに着目してOpenADRの開発を進め，第1弾のOpenADR1.0と呼ばれる通信仕様書が2009年に公開された。同年には，アメリカ国立標準技術研究所（National Institute of Standards and Technology; NIST）が，スマートグリッドの標準規格の1つとしてこれを推奨したことから，国際標準としてOpenADRの開発が加速されることになった。その後，実用に耐えうる規格としてOpenADR2.0が公開されている。LBNLは，ビル等を対象としたOpenADRの技術実証をいくつも手がけており，その研究成果を公表している（Kiliccote et al., 2010）。

しかし，現在の技術を前提にすると，デマンド・レスポンスを自動化さえすれば何でもすべてうまくいく，というほど話は簡単ではない。例えば，高橋・上野・坂東（2013）は，中小オフィスビルを対象に，ADRと手動デマンド・レスポンス（DR）の効果を比較する実証試験を行っている。彼らは現在の技術条件のもとで両者を比較して，ADRと手動DRにはそれぞれ一長一短があると論じている。この実証試験では，2012年の夏期平日で一定の気温を超える日に，1pm～4pmのピーク時にデマンド・レスポンスを発動した。ADRでは，遠隔の自動制御により，BEMSを通じて空調の設定温度や天井照明の照度を調整した[1)]。他方，手動DRでは，ビルの従業員が室内の状況をみながら，空調の設定温度や天井照明の照度を調整した。彼らの試験結果によれば，ADRでは電力消費をより確実に削減できるが，手動DRでは削減量にばらつきがみられた。一方で，手動DRでは，ADRに比べて，デマンド・レスポンス発動時の従業員の作業

1）自動制御ではあるが，多くのADRの方式と同様に，オフィスビルの作業環境によっては，ビル側の判断で制御信号を解除できる形となっていた。

能率水準が低下しないとの結果を得た。これは，手動 DR では自分たちにとって望ましいように従業員が機器の調整幅を裁量的に決めることができたからだと，彼らは推測している。

ADR は機器・設備を自動制御するので，電力消費をより確実に削減できるのは自然なことである。しかし問題となるのは，自動制御が需要側の電力消費の効用を適切に反映しているかどうかという点だ。今後の ADR の発展には，消費者の選好を適切に織り込んだ自動制御を志向する必要があろう。例えば，ダイナミック・プライシングの価格シグナルを ADR に組み込んでいくのは有効な手段である。消費者側はあらかじめ，電力消費に対する自分の効用を踏まえて，「電力価格が $P$ 円のときには空調の設定温度を $x$℃ に調整する」という情報を HEMS や BEMS，FEMS にインプットしておく。部屋にセンサーを設置し，自動的に人の在，不在を検知することもできる。後は ADR 環境において，ダイナミック・プライシングの価格シグナルが需要家のエネルギー管理システムに伝達されると，事前にインプットされた情報に基づいて空調の設定温度が自動調整される。こうすることで，消費側の効用，ひいては需要曲線を ADR に反映していくことができるだろう。実際，先述の LBNL の研究者はこのような方向の取り組みも進めている（Ghatikar et al., 2010）。

ただし，電力の需要曲線は時々刻々とシフトすることに注意が必要だ。個々の消費者の需要曲線は時刻や気象条件等に応じて絶えず変化しうる。こうした情報を需要家のエネルギー管理システムに事前にインプットしておくことは可能だろうか。今でも，おおまかに時間帯や季節等を考慮して事前のインプットは可能であるが，まだキメが粗いといえる。しかし，近年の「人工知能（Artificial Intelligence; AI）」の発展は目覚ましい。将来，AI 技術が HEMS や BEMS，FEMS のエネルギー管理システムにも実装されていけば，機械学習等の機能により，個々の消費者の選好はより簡単に，そしてよりキメ細かく ADR に反映されていくと考えられる。

## 4　需要側からのアンシラリー・サービス

需要側のデマンド・レスポンスが生み出すネガワットは，供給力として市場を通じて売買されることを先にみた。その場合，小売電気事業者やアグリゲーター等の多様な参加者が，市場で値付けされるネガワットを売買取引する。自動応答による ADR は，電力消費の削減をより確実にし，こうしたネガワット取引市場の活性化に役立つ。さらには，ADR により需要側の電力消費をより確実に管理できるようになると，デマンド・レスポンスの用途はもっと拡大し，電力システムのオペレーション（系統運用）にも「調整力」として有効活用されていくことが見込まれる。

ネットワーク部門である送配電事業者は，電力システムの周波数や電圧を一定の範囲内に収める等，安定的な電力供給を維持しなければならない。このような電力システムの安定的なオペレーションに必要なサービスは，「アンシラリー・サービス（Ancillary Service）」と呼ばれる。アンシラリー・サービスには，さまざまな種類があるが，代表的な 2 つに予備力と周波数制御がある。予備力は，発電所の事故等の不測の事態に備えて確保しておく予備の供給力を指す[2)]。通常，運転中の火力発電機と水力発電機の出力余力や，停止待機中のものの可能出力が予備力として確保される。周波数制御は，数秒から十数分等の時間単位で需給バランスをキメ細かく調整して，周波数を一定範囲内に維持する制御である[3)]。

電力自由化以前は，垂直統合型の電力会社がこうした機能を自前ですべて準備した。電力自由化が進むにつれ，欧米を中心にアンシラリー・サー

2)　供給を開始できるまでの時間の長さにより，瞬時予備力，運転予備力，待機予備力に分けられる。

3)　周波数の変動周期に応じて，ガバナフリーや負荷周波数制御（Load Frequency Control; LFC）等いくつかの異なる種類がある。

ビス市場が整備され，こうした機能を広く市場から調達するようになった。これまでのアンシラリー・サービス市場は，主に火力発電等の供給側がサービスの提供者であった。しかし，ADRの活用により確実性が増すことで，デマンド・レスポンスによる調整力は，アンシラリー・サービスの1つとして市場に投入可能となる。これにより，送配電事業者は，供給側と需要側の両面からアンシラリー・サービスを調達できるようになり，より安価に安定的な電力供給が実現されると期待される。電力自由化の進んだ欧米では，デマンド・レスポンスによるアンシラリー・サービスを活用する動きがすでに広がり始めている。

デマンド・レスポンスによるアンシラリー・サービスは，自然変動型の再生可能エネルギーの導入促進も後押しする。太陽光発電や風力発電は，日射量や風況等の気象条件に大きく左右され，出力変動が激しい。このような自然変動型の再生可能エネルギーを大量導入するには，激しい出力変動に対応するための調整力の大幅な増強が必要となる。従来型の火力発電・水力発電による調整力だけでは不足する可能性があり，需要側が作り出すアンシラリー・サービスの重要性がより増してくる。ADRは，電力消費の削減だけでなく，電力消費を増加させる方向にも活用できる。例えば，風が急に止み風力発電の出力が急低下すれば，ADRにより需要家の電力量は下げられる。これに対して，風が急に強まり風力発電の出力が急上昇したら，ADRにより需要家の電力量を増加させる方向の調整も可能である。このように，需要側のADRは太陽光発電や風力発電の導入拡大にも役立つことになる。

## 5　始まるスマートグリッドの社会実装化

本書では，次世代エネルギー・社会システム実証事業を紹介し，4つのスマート・コミュニティ・プロジェクトで実施されたフィールド実験の取り組みとその経済効果を説明した。次に，われわれが進むステップは，第6章で述べた「イノベーター」や「アーリーアダプター」として，先進的な自治体や消費者が実際の生活の中で，スマートグリッドやデマンド・レスポンスを実現していく社会実装化である。

ここでは，第3章で取り上げた北九州市の先端的な社会実装化の取り組みを紹介しよう。2012年7月，北九州市は，19ヘクタールの自衛隊跡地等を利用して，城野ゼロ・カーボン先進街区のまちづくり基本計画を作成した[4)]。そこで，環境配慮型のまちづくりの先端事例として地域をあげて取り組むことを宣言している。

城野先進街区の具体的な取り組みとしては，第1に，全戸において低炭素（ゼロ・カーボン）に貢献する住宅性能の向上，環境負荷の低減等の取り組みが推奨され，戸建て住宅の場合，太陽光発電・家庭用コジェネ等の創エネ設備の導入，スマートメーター・HEMSの設置が求められている。第2に，低炭素まちづくりの実現のため，自律分散型のエネルギー・マネジメントを目指し，エネルギーの融通を行うことにより，地域内で創出した再生可能エネルギーを地域内で最大限使うための地産地消に取り組む。そのためには，スマートホーム，蓄電池，電気自動車等を束ね，創エネ・蓄エネ・融通を最適に組み合わせたCEMS（Community Energy Management System）の運用が必要になる（図7-3参照）。北九州市では，社会実証（フィールド実験）から社会実装に向けた取り組みを，地域の産学公民が一体となって始めている。

このようなスマートグリッド，スマートシティ，スマートホームが整備された環境下では，ネットワークを介して膨大な量の情報――ビッグデータ――が収集される。家庭に着目すれば，人々の電力消費に関するビッグデータが蓄積される。電力の消費は，人々の生活パターンやライフスタイルを如実に反映する。このビッグデータを活用することは，エネルギーの

4）「城野ゼロ・カーボン先進街区まちづくりガイドライン」を参照。

図7-3　城野先進街区の目指す自律分散型エネルギー・ネットワーク

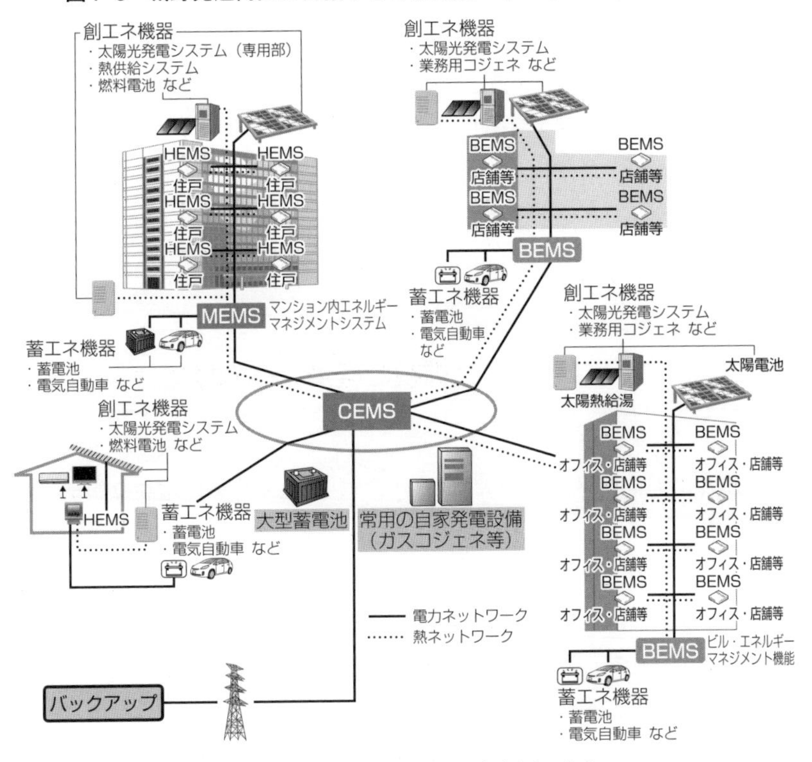


（出所）「城野ゼロ・カーボン先進街区まちづくりガイドライン」をもとに作成。

枠を超えて多様なサービスの発展につながると期待されている。よく話題にのぼる例として，高齢者の見守りサービスやホームセキュリティがある。高齢者の見守りサービスでは，HEMSの電力消費データから高齢者の生活パターンの異常を検知し，応急対応を行う等のサービスを提供する。日本のような高齢化社会では，ビジネスとして成立する可能性があり，社会的にも有益なサービスとなりうる。ビッグデータの活用については，個人情報保護や情報セキュリティ等の課題をクリアする必要があるが，今後さまざまなビジネスが登場してくると予想されている。

スマートグリッドにおけるビッグデータは，ビジネスだけでなく，研究資源としても貴重な価値をもつ。電力消費のビッグデータは，人々の生活パターンやライフスタイルに関する膨大な「顕示選好（Revealed Preference）データ」である。行動経済学や心理学等のさまざまな観点から，人々の意思決定や行動を解明しようとする研究につながる可能性がある。これからの経済学研究においては，急速に発展する人工知能の方法も用いながら，こうしたビッグデータを解析して，人や企業の経済行動を解明しようとするアプローチもきっと発展するだろう。

## 6　エビデンス重視の経済学へ向けて

2010年3月，アメリカの大学街バークレーのカフェの雑談で始まったスマートグリッド・エコノミクス・プロジェクトの旅も，終わりに近づいている。途中で，東日本大震災があり，当初の実現覚束ない私的な夢から，公的プロジェクトの色彩を帯びるという想定外の出来事もあったが，最初から最後まで一貫して，われわれの目標は，日本にエビデンスに基づく政策の基礎を築くことであった。

本書の副題「フィールド実験・行動経済学・ビッグデータが拓くエビデンス政策」には，そうしたわれわれの願いを込めた。伝統的な経済学といえば，ミクロ経済学・マクロ経済学・計量経済学が3本柱である。1969年から始まったノーベル経済学賞（アルフレッド・ノーベル記念スウェーデン国立銀行経済学賞）も，歴代，そうした分野の貢献者に授与されてきた。しかし，近年，例えば，2002年に行動経済学者のダニエル・カーネマン（Daniel Kahneman），実験経済学者のヴァーノン・スミス（Vernon Smith）が受賞したあたりから，実証重視の経済学分野への授賞の流れが増えてきた。フィールド実験経済学や行動経済学を専門とする経済学者の受賞が有望視される等，今後もこうした流れは続くと予想される[5)]。

われわれは，伝統的なミクロ経済学・マクロ経済学・計量経済学の重要

図7-4　エビデンス重視の経済学の3本柱

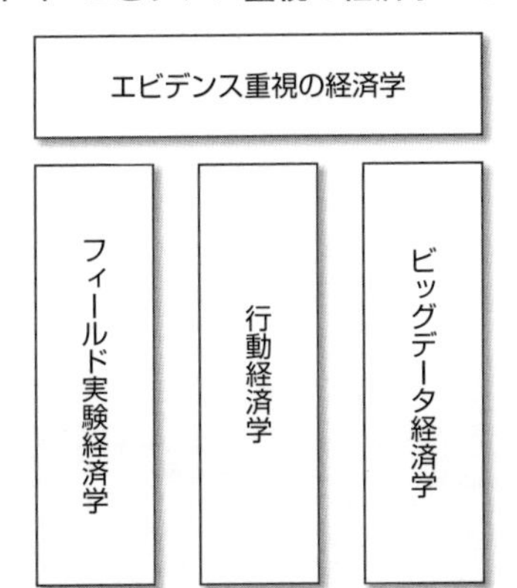


性を否定するものではまったくないが，それに加える形で，エビデンス重視の実証経済学を提唱したい[6)]。その新しい経済学には，3本の柱があると考えている（図7-4参照）。はしがきでも取り上げたが，フィールド実験経済学・行動経済学・ビッグデータ経済学である。改めて振り返ってみよう。

第1の柱は，本書で追求したフィールド実験経済学である[7)]。エビデンスで重要なのは，データの量ではなく，データの質である。RCTを使って適切に統制された実験，それも日常の生活の場から取得されたデータを用いて，経済効果を分析すれば，分析に無理な仮定を置くことなく，正しい結論を導くことができる。われわれは，実際に生活する普通の実験参加

5）トムソン・ロイター社の発表する引用栄誉賞には，2013年，実証的ミクロ経済学の発展に対して，Joshua D. Angrist（MIT），David E. Card（UCバークレー），Alan B. Krueger（プリンストン大），2015年，フィールド実験の発展に対して，John A. List（シカゴ大）が選ばれている。

6）エビデンス重視の実証経済学は，伝統的なミクロ経済学・マクロ経済学・計量経済学を方法的に用いる「応用経済学」と考えてもよい。

7）フィールド実験の欠点を補完するものとして，ラボで行われる経済実験も重要であり，広い意味で，ここでいう「実験経済学」の中に含めている。

## Column ⑨　社会問題解決学としてのスマート化

「スマート化社会の入り口はエネルギーだが，出口はヘルスケアだ。」

われわれはそう口にしていた。日本の電力会社の売上高を足し合わせても，20兆円程度。対して，医療費は40兆円。年金も合わせた社会保障費は100兆円にも達する。日本の公債の累積赤字は1000兆円を超え，改革待ったなしの状態にある。しかし，急がば回れのことわざもある。マクロの構造改革も大事だが，ミクロの人間の行動変容がなければ，穴の空いたバケツに水を溜めるようなものである。そこで，われわれが目を付けたのが，スマート化技術を活用して，わかっていても変われない限定合理的な人間にも，気持ちよく行動変容してもらえる行動経済学的な処方箋の研究であった。

2010年前後，エネルギー分野では，スマートメーターやHEMSの技術開発に目処が立ち，他の分野に先立ち，生活への実装化が期待された。ただし，一般世帯の住宅にエネルギー・マネジメント・システムを導入するのは容易ではない。まず，費用がかかる。初期のHEMSは1台20万円程度した。次に，宅内工事が必要だ。スマートメーター，HEMSそれぞれに工事が入る。最後に，差し迫った必要がない限り，消費者は重い腰を上げない。いきなり，社会実装を目指すのではなく，社会実証（フィールド実験）のエビデンスが必要になるのは，そのためである。社会実証が終わった今では，有名ハウスメーカーが新築住宅を販売するとき，HEMSを標準装備化するにいたった。費用も下がり，工事も短縮された。なお時間はかかろうが，エネルギー分野でのスマート化の道筋は付いたといえるだろう。

エネルギー分野でスマート化に火が付けば，ヘルスケア分野への波及も期待できる。スマート化を担う情報通信の技術基盤は共通部分が多く，エネルギーのスマート化に乗る形で，ヘルスケアのスマート化を進めていけばよい。生活習慣病は日常の衣食住に起因するので，リビング・寝室・浴室等で，日常のバイタル・データを収集し，人工知能を用いて解析することで，運動・食事・睡眠等に関するパーソナルなアドバイスを届けることが可能になるだろう。

フィールド実験の運営には，ビジネス的マネジメント能力を必要とする。そこで鍛えられた手腕は，実際の実装化のステージでも，大いに役立つと感じている。エネルギー，ヘルスケア，教育・文化……。さまざまな社会問題解決のためのスマートシティ＆ライフ・マネジメントという新しい学問も構想しているところだ。

者を，ランダムにコントロール・グループとトリートメント・グループに割り当てて，デマンド・レスポンスのトリートメントに取り組んでもらった。そこで明らかになった分析結果の信頼度・正確性はいずれも高く，スマートグリッドの社会実装化に向けたエビデンスに基づく政策の根幹をなす。

第2に，フィールド実験には，行動経済学的知見がつきものである。日常生活の中で行うフィールド実験では，人間の不思議な，時には，合理性を逸脱する行動（アノマリー）が観察される。それには，伝統的な経済学の「経済人（Homo Economicus）」の行動とは異なり，心理学的な説明が必要とされる。行動経済学の提供する限定合理性のフレームワーク，さまざまなバイアスの事例は，そうした人間行動の説明に対して示唆に富む。例えば，けいはんなフィールド実験では，内的動機や馴化・脱馴化，横浜市実験では，情報的摩擦や心理的慣性を援用することによって，分析結果を解釈したり，説明したりすることができた。

第3に，モノのインターネット（IoT）によってビッグデータの利用が容易になっている。スマートメーターから得られる電力消費量は典型的な日常のビッグデータであり，エビデンスに基づく政策の形成になくてはならないものである。そして，そうしたビッグデータを，人工知能を使って分類したり，解析したりすることによって，手動から自動へスマートグリッドのアップグレードをはかることができる。

フィールド実験経済学・行動経済学・ビッグデータ経済学。エビデンス重視の経済学の3本の柱が，経済学の教育と研究の中にしっかりと根を下ろせば，とかく，机上の学問と批判されてきた経済学も，世の中のニーズに応える実学として大きく様変わりするだろう。今，経済学は熱くて面白い。そうした息吹を，本書から垣間見ていただけたならば，著者としてこのうえない幸せである。

### 参考文献

城野分屯地跡地処理計画策定協議会（2012）「城野ゼロ・カーボン先進街区まちづくりガイドライン」http://www.city.kitakyushu.lg.jp/files/000133042.pdf

高橋雅仁・上野剛・坂東茂（2013）「オフィスビルを対象にしたデマンドレスポンス制御の実証試験――自動 DR と手動 DR の比較」電力中央研究所報告 Y12025。

Ghatikar, Girish, Johanna L. Mathieu, Mary Ann Piette, and Sila Kiliccote（2010）"Open Automated Demand Response Technologies for Dynamic Pricing and Smart Grid," LBNL Report Number: LBNL-4028E.

Kiliccote, Sila, Mary Ann Piette, Johanna L. Mathieu, and Kristen Parrish（2010）"Findings from Seven Years of Field Performance Data for Automated Demand Response in Commercial Buildings," LBNL Report Number: LBNL-3643E.

# APPENDIX

# 第２章：フィールド実験の経済学

## 1　平均的トリートメント効果

本節では，フィールド実験の「平均トリートメント効果（Average Treatment Effect; ATE)」について説明する。ここでのフィールド実験では，実験協力世帯が合計で$N$おり，それらがトリートメント・グループとコントロール・グループにランダムに割り当てられる。トリートメント・グループでは，ダイナミック・プライシングを受け，コントロール・グループでは，一律電力価格を受けるものとする。

まず，「潜在的結果（Potential Outcome)」を，$Y_i(d_i)$として定義する[1)]。$d_i$は，世帯$i$が受けるトリートメントを表す。例えば，$d_i=1$ならばトリートメントを受け，$d_i=0$ならばトリートメントを受けない。そして，$Y_i(d_i=1)$は，世帯$i$がトリートメントであるダイナミック・プライシングを受けた場合の電気消費量（kWh/30分）を表す。$Y_i(d_i=0)$は，世帯$i$がダイナミック・プライシングを受けない場合の電気消費量（kWh/30分）を表す。

平均トリートメント効果は，世帯レベルのトリートメント効果である$Y_i(d_i=1)-Y_i(d_i=0)$を合計し，それを総世帯数$N$で割ったものとして定義する。

$$
\begin{aligned}
\mathrm{ATE} &\equiv \frac{1}{N}\times\sum_{i=1}^{N}[Y_i(d_i=1)-Y_i(d_i=0)] \\
&=\frac{1}{N}\times\sum_{i=1}^{N}Y_i(d_i=1)-\frac{1}{N}\times\sum_{i=1}^{N}Y_i(d_i=0) \\
&=\mathrm{E}[Y_i(d_i=1)]-\mathrm{E}[Y_i(d_i=0)]
\end{aligned}
$$

1)　数学的表記は，原則的に，フィールド実験の定評ある教科書であるGerber and Green（2012）に従った。

$$= \mathrm{E}[Y_i(d_i=1) - Y_i(d_i=0)] \quad (1)$$

最初の定義式は，ATE が $N$ 世帯に対する潜在的結果の「差の平均」であることを表す。第2式は，$N$ 世帯に対する潜在的結果の「平均の差」を表す。第3式は，トリートメントを受ける世帯と受けない世帯の潜在的結果の「平均の差」を表す。第4式は，トリートメントを受ける世帯と受けない世帯の潜在的結果の「差の平均」を表す。

## 2　ランダム化，排除可能性，非干渉性

フィールド実験では，実験協力世帯はランダムにトリートメント・グループとコントロール・グループに割り当てられる。所得，世帯人数等，さまざまな世帯属性を $X_i$，世帯 $i$ がトリートメントを受けるかどうかをランダムに割り当てる確率変数を $D_i$ とする。ランダム化によって，世帯 $i$ がトリートメントを受けるかどうかは，潜在的結果や世帯属性と統計的に独立（Statistically Independent；⊥で表記）である。

$$Y_i(d_i=0),\ Y_i(d_i=1),\ X_i \perp D_i \quad (2)$$

改めて，ATE を次のように定義する。

$$\mathrm{ATE} \equiv \mathrm{E}[Y_i(d_i=1) \mid D_i=1] - \mathrm{E}[Y_i(d_i=0) \mid D_i=0] \quad (3)$$

ATE は，トリートメント・グループとコントロール・グループの潜在的結果の「平均の差（Difference in Mean）」として定義される。ランダム化は，ATE が偏りのない推定値であることを保証する。(3)式を，次のように書き換えることができる。

$$\begin{aligned} &\mathrm{E}[Y_i(d_i=1) \mid D_i=1] - \mathrm{E}[Y_i(d_i=0) \mid D_i=0] \\ &\quad = \mathrm{E}[Y_i(d_i=1) - Y_i(d_i=0) \mid D_i=1] \\ &\qquad + \{[\mathrm{E}[Y_i(d_i=0) \mid D_i=1] - \mathrm{E}[Y_i(d_i=0) \mid D_i=0]\} \end{aligned} \quad (4)$$

(4)式右辺の第1項は，トリートメント・グループの ATE を表す。第2

項は，トリートメント・グループとコントロール・グループの間の，トリートメントを受けなかった場合の潜在的結果の平均の差を表し，セルフセレクション・バイアスと呼ばれる。ランダム化の場合，セルフセレクション・バイアスはゼロである。

ATE がバイアスをもたない性質であることを保証するには，ランダム化の他に，2つの仮定が必要である。第1の仮定は，「排除可能性（Excludability）」と呼ばれる。排除可能性は，潜在的結果が，トリートメント・グループまたはコントロール・グループに割り当てられたかどうかではなく，実際にトリートメントを受けたかどうかだけに依存するという仮定である。

ここでは，潜在的結果を $Y_i(z_i, d_i)$ と表し，$z_i$ はトリートメント・グループへの割り当てを表し，$d_i$ は実際にトリートメントを受けたかどうかを表す。例えば，$z_i=1$，$d_i=1$ は，世帯がトリートメント・グループに割り当てられ，実際にトリートメントを受けることを表す。$z_i=1$，$d_i=0$ は，世帯がトリートメント・グループに割り当てられたが，実際にはトリートメントを受けないことを表す。このとき，排除可能性は，次のように書ける。

$$Y_i(z_i=1,\ d_i) = Y_i(z_i=0,\ d_i) \tag{5}$$

つまり，潜在的結果は，$z_i$ ではなく，$d_i$ によって決まる。

排除可能性が破綻するのは，例えば，ダイナミック・プライシングを受けるトリートメント・グループに割り当てられたが，気が乗らなかったために，ダイナミック・プライシングを断る場合，節電へのやる気を失ってしまい，ピーク時の電力消費量が増えるようなケースである。このようなケースが起きないように，実際のフィールド実験では，コントロール・グループには，デマンド・レスポンスのイベント日を教えない等の工夫が凝らされる。

第2の仮定は，「非干渉性（Non-interference）」と呼ばれる。非干渉性は，世帯$i$の潜在的結果は，当該世帯がトリートメントを受けるかどうかだけに依存し，他の$N-1$世帯がトリートメントを受けるかどうかには依存しないという仮定である。非干渉性は，次のように書ける。

$$Y_i(z_1, \cdots, z_i, \cdots, z_N, d_1, \cdots, d_i, \cdots, d_N) = Y_i(z_i, d_i) \quad (6)$$

非干渉性が破綻するのは，例えば，ダイナミック・プライシングを受けないコントロール・グループに割り当てられたが，隣の世帯がトリートメント・グループに割り当てられ，ピーク時に節電するのをみて，公共心を煽られてしまい，ピーク時の電力消費量を減らすようなケースである。このようなケースが起きないように，実際のフィールド実験では，どの世帯がどのトリートメントを受けたか，受けなかったかの情報を，実験協力世帯に教えないような工夫が凝らされる。

### 3　ITT効果とTOT効果

今まで，ランダム化ではトリートメント・グループに割り当てられた世帯は，必ずダイナミック・プライシングというトリートメントを受けることが義務づけられていた。ここでは，トリートメント・グループに割り当てられた世帯が，自分の好みに応じて，ダイナミック・プライシングにオプトインせずに，デフォルトの一律電力価格にとどまってもよいというオプトイン型のフィールド実験を考えよう。つまり，トリートメント・グループに割り当てられることと実際にトリートメントを受けるかどうかは必ずしも一致しない。このような実験設計を「片側非承諾（One-sided Noncompliance)」と呼ぶ[2)]。

ここで，$d_i(z_i)$を，世帯$i$のグループの割り当てが$z_i$だったときに，実

2)　片側非遵守に加えて，コントロール・グループに割り当てられた世帯が，デフォルトの一律電力価格からオプトアウトして，ダイナミック・プライシングを選んでもよいケースを「両側非承諾（Two-sided Noncompliance)」と呼ぶ。

際にトリートメントを受けるかどうかを表す。$d_i(z_i=1)=1$ は，トリートメント・グループに割り当てられ，トリートメントを受けることを表す。$d_i(z_i=1)=0$ は，トリートメント・グループに割り当てられたが，トリートメントを受けないことを表す。$d_i(z_i=0)=0$ は，コントロール・グループに割り当てられ，トリートメントを受けないことを表す。片側非遵守では，$d_i(z_i=1)=1$ と $d_i(z_i=0)=0$ の「承諾者（Complier）」または $d_i(z_i=1)=0$ と $d_i(z_i=0)=0$ の「非受容者（Never-taker）」に分けられる。

最後に，3種類のトリートメント効果を定義しよう。第1のトリートメント効果は，グループ割り当て$(z_i)$のトリートメントを受けるかどうか$(d_i(z_i))$への「$\mathrm{ITT}_D$（Intention to Treat）効果」である。例えば，$\mathrm{ITT}_D$ は，トリートメント・グループに割り当てられた世帯が，実際にどれだけダイナミック・プライシングにオプトインするかの加入率を表す。

$$\mathrm{ITT}_D = \mathrm{E}[d_i(z_i=1)] \tag{7}$$

第2のトリートメント効果は，グループ割り当て$(z_i)$の潜在的結果$(Y_i(z_i, d_i(z_i)))$への「$\mathrm{ITT}_Y$（Intenttion to Treat）効果」である。$\mathrm{ITT}_Y$ は，トリートメント・グループとコントロール・グループの間の潜在的結果の「平均の差」を表し，トリートメントのトータルな効果である。例えば，$\mathrm{ITT}_Y$ は，トリートメント・グループに割り当てられた世帯が，実際にダイナミック・プライシングにオプトインするかしないかを問わず，コントロール・グループに割り当てられた世帯に比べて，どれだけの電力消費量のピークカット効果をもっているのかを表す。

$$\mathrm{ITT}_Y = \mathrm{E}[Y_i(z_i=1, d_i(z_i=1))] - \mathrm{E}[Y_i(z_i=0, d_i(z_i=0))] \tag{8}$$

第3のトリートメント効果は，トリートメント・グループに割り当てられて，実際にトリートメントを受ける遵守者に対して，グループ割り当て$(z_i)$の潜在的結果（$Y_i(z_i, d_i(z_i))$）への「$\mathrm{TOT}_Y$（Treat on the Treated）効果」である[3)]。$\mathrm{TOT}_Y$ は，遵守者の ATE を表し，トリートメントのネット効果である。例えば，$\mathrm{TOT}_Y$ は，トリートメント・グループに割り当てられて実際にダイナミック・プライシングを受けた世帯が，どれだけの電力消費量のピークカット効果をもっているのかを表す。

$$\mathrm{TOT}_Y = \mathrm{E}[Y_i(z_i=1, d_i(z_i=1)=1) - Y_i(z_i=0, d_i(z_i=0)=0) \mid d_i(z_i=1)=1] \quad (9)$$

すでに説明したランダム化，片側非遵守，排除可能性，非干渉性，$\mathrm{ITT}_D>0$ の仮定のもとで，次式が成立する。

$$\mathrm{TOT}_Y = \frac{\mathrm{ITT}_Y}{\mathrm{ITT}_D} \quad (10)$$

つまり，トリートメントのネット効果は，トリートメントのトータルな効果を，トリートメントの加入率で割った比率で表される。

3) TOT は，「Complier Average Causal Effect（CACE）」または「Local Average Treatment Effect（LATE）」とも呼ばれる。

## 第３章：価格の威力——北九州市の実験

### 1　アメリカの消費者行動研究

アメリカ・エネルギー省（DOE）が実施した「スマートグリッド・インベストメント・グラント・プログラム（SGIG）」の「消費者行動研究（CBS）」の主要結果を表1のようにまとめた。実験の設計や実施したトリートメントに差はあるものの，平均をとると，ピーク価格は0.539ドル/kWh，一律電力価格は0.109ドル/kWhである。また，ピークカット効果は21.2%，価格弾力性は－0.139であった。IHDやPCTを与えると，トリートメント効果が大幅に増加することも確認された。

### 2　統計量バランス・チェック

本節では，第3章のランダム化のバランス・チェックを行う。北九州市の実験では，コントロール・グループが68世帯，トリートメント・グループが112世帯である。グループの割り当ては，ランダム化を用いているので，主要な世帯属性は，2つのグループ間で均等になるはずである。

表2は，主要な世帯属性のグループ間のバランス・チェックである。世帯属性は，実験開始前のアンケート調査によって情報収集された。世帯属性として用いられたのは，

- 電力消費量（kWh/日）
- 部屋数
- 専有面積（$m^2$）
- エアコン数
- 冷蔵庫数
- テレビ数

**表1　アメリカの消費者行動研究**

| 電力会社 | トリートメント 価格 | 教育 | IHD | PCT | ピーク価格 ($/kWh) | 通常価格 ($/kWh) | ピークカット率 | 価格弾力性 |
|---|---|---|---|---|---|---|---|---|
| Cleveland Electric Illuminating Co.（CEIC） | CPR | | | | 0.400 | 0.120 | −15.0% | NA |
| DTE Energy（DTE） | CPP | ○ | | | 1.000 | 0.120 | −12.6% | −0.059 |
| | | ○ | | | 1.000 | 0.120 | −17.5% | −0.082 |
| | | ○ | | | 1.000 | 0.120 | −44.5% | −0.210 |
| | | ○ | | | 1.000 | 0.120 | −43.0% | −0.203 |
| Green Mountain Power（GMP） | CPP | | | | 0.600 | 0.144 | −7.3% | −0.051 |
| | | | ○ | | 0.600 | 0.144 | −14.1% | −0.099 |
| Lakeland Electric（LE） | TOU | | | | 0.113 | 0.074 | −0.1% | −0.002 |
| Marblehead Municipal Light Department（MMLD） | CPP | | | | 1.050 | 0.090 | −36.7% | −0.149 |
| Minnesota Power（MP） | CPP | | | | 0.770 | 0.014 | −0.7% | −0.002 |
| NV Energy（NVE） | TOU | | | | 0.396 | 0.212 | −10.7% | −0.172 |
| | | ○ | | | 0.396 | 0.212 | −8.2% | −0.132 |
| | | ○ | | ○ | 0.396 | 0.212 | −16.6% | −0.266 |
| | CPP | | | | 0.580 | 0.212 | −28.2% | −0.280 |
| | | ○ | | | 0.580 | 0.212 | −29.5% | −0.293 |
| | | ○ | | ○ | 0.580 | 0.212 | −38.4% | −0.381 |
| Oklahoma Gas and Electric（OG&E） | TOU+CPP | | | | 0.460 | 0.042 | −19.8% | −0.083 |
| | | | ○ | | 0.460 | 0.042 | −25.6% | −0.107 |
| | | | | ○ | 0.460 | 0.042 | −38.8% | −0.162 |
| | | | ○ | ○ | 0.460 | 0.042 | −30.6% | −0.128 |
| | VPP+CPP | | | | 0.460 | 0.045 | −14.5% | −0.062 |
| | | | ○ | | 0.460 | 0.045 | −13.4% | −0.058 |
| | | | | ○ | 0.460 | 0.045 | −32.2% | −0.138 |
| | | | ○ | ○ | 0.460 | 0.045 | −30.8% | −0.132 |
| Sacramento Municipal Utility District（SMUD） | TOU | | | | 0.270 | 0.085 | −10.0% | −0.086 |
| | | | ○ | | 0.270 | 0.085 | −13.1% | −0.113 |
| | CPP | | | | 0.750 | 0.085 | −21.9% | −0.100 |
| | | | ○ | | 0.750 | 0.085 | −26.2% | −0.120 |
| Vermont Electric Cooperative（VEC） | CPP（VPP） | | | | 0.263 | 0.128 | −15.0% | −0.209 |

（注）　DP: Dynamic Pricing Rate, VPP: Variable Peak Pricing, IHD: In-Home Dsplay, PCT: Programmable Communicating Thermostat.

表2　第3章統計量バランス・チェック

| | コントロール | | トリートメント | | 検定 | |
|---|---|---|---|---|---|---|
| | 平均 | 標準偏差 | 平均 | 標準偏差 | 差 | 標準誤差 |
| 電力消費量（kWh/日） | 14.13 | 4.57 | 13.86 | 4.21 | 0.27 | 0.54 |
| 部屋数 | 3.62 | 0.49 | 3.61 | 0.49 | 0.01 | 0.08 |
| 専有面積（$m^2$） | 90.66 | 13.03 | 91.33 | 13.24 | −0.67 | 2.02 |
| エアコン数 | 2.25 | 1.10 | 2.46 | 0.99 | −0.21 | 0.16 |
| 冷蔵庫数 | 1.03 | 0.30 | 1.05 | 0.26 | −0.02 | 0.04 |
| テレビ数 | 1.72 | 0.86 | 1.56 | 0.76 | 0.16 | 0.12 |
| 洗濯機数 | 1.00 | 0.17 | 1.01 | 0.09 | −0.01 | 0.02 |
| 乾燥機数 | 0.31 | 0.50 | 0.36 | 0.48 | −0.05 | 0.07 |
| 食洗機数 | 0.28 | 0.45 | 0.30 | 0.46 | −0.02 | 0.07 |
| ヒートポンプ数 | 0.18 | 0.38 | 0.21 | 0.41 | −0.03 | 0.06 |
| 世帯人数 | 2.87 | 1.05 | 3.02 | 1.06 | −0.15 | 0.16 |
| 世帯主年齢 | 32.98 | 13.17 | 31.55 | 13.46 | 1.43 | 2.07 |
| 所得階層（300万円未満） | 0.06 | 0.24 | 0.07 | 0.26 | −0.01 | 0.04 |
| 所得階層（300万円以上500万円未満） | 0.26 | 0.44 | 0.25 | 0.43 | 0.02 | 0.07 |
| 所得階層（500万円以上1000万円未満） | 0.34 | 0.48 | 0.25 | 0.44 | 0.08 | 0.07 |
| 所得階層（1000万円以上1500万円未満） | 0.23 | 0.42 | 0.26 | 0.44 | −0.03 | 0.07 |
| 所得階層（1500万円以上） | 0.08 | 0.27 | 0.14 | 0.34 | −0.06 | 0.05 |

- 洗濯機数
- 乾燥機数
- 食洗機数
- ヒートポンプ数
- 世帯人数
- 世帯主年齢
- 世帯所得階層

等の変数である。2グループ間で，平均値と標準偏差を用いて，差の検定を行ったところ，すべての属性において，統計的に非有意であった。つまり，これはグループのランダム化が成功しており，2グループ間で，セルフセレクション・バイアスが発生しないことを表す。

例えば，2012年度夏期の実験開始前の1日あたりの電力消費量をみると，コントロール・グループの平均電力消費量は14.13 kWh（標準偏差4.57 kWh），トリートメント・グループの平均電力消費量は13.86 kWh（標準偏差4.21 kWh）であった。その差は0.27 kWh（標準誤差0.54 kWh）であり，コントロール・グループとトリートメント・グループの平均電力消費量の間に差がないという帰無仮説を5% 統計的有意水準で棄却できなかった。これは，ランダム化が成功しており，実験参加世帯がバランスよくコントロール・グループとトリートメント・グループに散らばったことを示唆している。

## 3　主要な推定結果

本節では，第3章の主要な推定結果を解説する。推定式を以下のように定義する。$y_{it}$ を世帯 $i$ の時刻 $t$ における30分間隔の電力消費量とする。V-CPPの価格レベル50/75/100/150円/kWhそれぞれの平均トリートメント効果の推定式を(11)式のように与える。

$$\ln y_{it} = \sum_{p \in \{50,\ 75,\ 100,\ 150\}} \beta_p \cdot D_{it}^p + \theta_i + \lambda_t + \eta_{it} \tag{11}$$

(11)式において，$D_{it}^p = 1$ は，世帯 $i$ がトリートメント・グループに割り当てられ，かつ，価格 $p$ のイベントが世帯 $i$ に時刻 $t$ で発動されたことを表すダミー変数である。$\theta_i$ は，世帯ごとの電力消費の違いを表す固定効果（Fixed Effect）である。$\lambda_t$ は，天候等，時刻 $t$ に固有なショックを表す30分間隔の固定効果である。最後に，$\eta_{it}$ は，RCTによってどの説明変数とも相関しない平均0の誤差項である。誤差項には，系列相関があるので，クラスター・ロバスト法を用いた。(11)式を，それぞれ，ピーク時（1pm

～5pm）で推定したものが図 3-8，ショルダー時（8am～1pm & 5pm～10pm）で推定したものが図 3-9，オフピーク時（10pm～8am）で推定したものが図 3-10 である。

表 3 の推定結果に掲載された数値は，推定値と標準誤差（括弧内）である。推定値に付けられた***，**，*は，それぞれ，1%，5%，10% 統計的有意水準を表す。なお，文意をわかりやすくするために，表 3 ではピークカット効果を負値で，図ではピークカット効果を正値で表現しているために，符号が反対になっている。説明変数が $D_{it}^{p}$，被説明変数が $\ln y_{it}$ であるために，片側弾力性は正確に表せば，$\exp(\beta_p) - 1$ で表されるが，ここでは近似値として，$\beta_p$ をそのまま用いる。

以上から，改めて，推定結果を吟味すると，図 3-8 から，ピーク時の CPP＝50 円に対するピークカット効果は 8.9%（2.6%），CPP＝75 円に対して 12.7%（2.8%），CPP＝100 円に対して 13.2%（2.7%），CPP＝150 円に対して 14.6%（2.7%）である。いずれも高度に統計的に有意である。

**表 3　第 3 章主要推定結果（図 3-8，3-9，3-10）**

| | 図 3-8 | 図 3-9 | 図 3-10 |
|---|---|---|---|
| | ピーク時（1pm～5pm） | ショルダー時（8am～1pm & 5pm～10pm） | オフピーク時（10pm～8am） |
| P=50 | −0.089***<br>(0.026) | 0.001<br>(0.024) | 0.042*<br>(0.025) |
| P=75 | −0.127***<br>(0.028) | −0.007<br>(0.026) | 0.052**<br>(0.025) |
| P=100 | −0.132***<br>(−0.027) | −0.014<br>(0.025) | 0.048*<br>(0.026) |
| P=150 | −0.146***<br>(0.027) | −0.012<br>(0.030) | 0.055**<br>(0.025) |
| 世帯固定効果 | Yes | Yes | Yes |
| 時間固定効果 | Yes | Yes | Yes |
| 観察値 | 61,273 | 133,813 | 321,436 |
| 世帯数 | 180 | 180 | 180 |

図3-9をみると，ショルダー時の電力消費はすべて統計的有意に変化していない。例えば，CPP＝150円に対して電力消費は1.2％（3.0％）であるが，統計的有意ではない。

他方で，図3-10をみると，オフピーク時の電力消費は5％または10％の統計的有意性で増加している。つまり，ピーク時の節電が，オフピーク時の電力消費量の増加につながるというピークシフトが観察されている。CPP＝50円に対するピークカット効果は－4.2％（2.5％），CPP＝75円に対して－5.2％（2.5％），CPP＝100円に対して－4.8％（2.6％），CPP＝150円に対して－5.5％（2.5％）である。

# 第４章：習慣化への挑戦——けいはんな学研都市の実験

## 1　統計量バランス・チェック

本節では，第 4 章のランダム化のバランス・チェックを行う。けいはんな学研都市の実験では，コントロール・グループが 153 世帯，節電要請グループが 154 世帯，ダイナミック・プライシング・グループが 384 世帯である。グループの割り当ては，ランダム化を用いているので，主要な世帯属性は，3 つのグループ間で均等になるはずである。さらに，けいはんな学研都市で，参加意思を示さなかった世帯の中から，ランダムに 691 世帯を選び，アンケート調査を実施した。

表 4 は，主要な世帯属性のグループ間のバランス・チェックである。世帯属性は，実験開始前のアンケート・サーベイ調査によって情報収集された。世帯属性として用いられたのは，

• 電力消費量（kWh/日）

表４　第４章統計量バランス・

| | 実験協力世帯 | | | |
|---|---|---|---|---|
| | 節電要請 | | ダイナミック・プライシング | |
| | 平均 | 標準偏差 | 平均 | 標準偏差 |
| 電力消費量（kWh/日） | 15.14 | 6.91 | 15.76 | 8.49 |
| 世帯所得（10 万円） | 66.74 | 31.49 | 66.59 | 31.34 |
| 専有面積（m$^2$） | 121.49 | 57.54 | 113.08 | 46.92 |
| エアコン数 | 3.46 | 1.93 | 3.50 | 1.67 |
| 世帯主年齢 | 42.26 | 17.67 | 42.22 | 19.07 |
| 建物築年数 | 13.83 | 8.25 | 13.39 | 7.54 |
| 世帯人数 | 3.21 | 1.18 | 3.14 | 1.23 |

- 世帯所得（10万円）
- 専有面積（m²）
- エアコン数
- 世帯主平均年齢
- 建物築年数
- 世帯人数

等の変数である。実験協力世帯の3グループ間で，平均値と標準偏差を用いて，差の検定を行ったところ，すべての属性において，統計的に非有意であった。つまり，これはグループのランダム化が成功しており，実験協力世帯の3グループ間で，セルフセレクション・バイアスが発生しないことを表す。

また，実験協力世帯のコントロール・グループと実験に参加していない一般世帯の間で，平均値と標準偏差を用いて，差の検定を行ったところ，建物の築年数と世帯人数においてのみ，統計的に有意に差があった。しかし，それ以外の変数については，統計的に有意な差がなく，実験協力世帯と一般世帯の間で，著しい大きな違いがあったとはいえない。

チェック

| コントロール | | 一般世帯 | |
|---|---|---|---|
| 平均 | 標準偏差 | 平均 | 標準偏差 |
| 15.92 | 8.47 | 16.23 | 7.97 |
| 67.06 | 31.01 | 66.83 | 41.81 |
| 122.15 | 46.52 | 125.90 | 59.65 |
| 3.68 | 1.64 | 3.95 | 1.71 |
| 40.31 | 17.38 | 41.91 | 16.76 |
| 13.12 | 8.20 | 15.05 | 8.11 |
| 3.32 | 1.25 | 2.98 | 1.41 |

## 2　主要な推定結果

本節では，第4章の主要な推定結果を解説する。推定式を以下のように定義する。$y_{it}$ を世帯 $i$ の時刻 $t$ における30分間隔の電力消費量とする。V-CPPの価格レベル65/85/105円/kWhそれぞれの平均トリートメント効果の推定式を(12)式のように与える。

$$\ln y_{it} = \alpha \cdot D_{it}^{M} + \beta \cdot D_{it}^{P} + \theta_i + \lambda_t + \eta_{it} \qquad (12)$$

(12)式において，$D_{it}^{M}=1$ は，世帯 $i$ が節電要請グループに割り当てられ，かつ，節電要請のイベントが世帯 $i$ に時刻 $t$ で発動されたことを表すダミー変数である。$D_{it}^{P}=1$ は，世帯 $i$ がダイナミック・プライシング・グループに割り当てられ，かつ，ダイナミック・プライシングのイベントが世帯 $i$ に時刻 $t$ で発動されたことを表すダミー変数である。$\theta_i$ は，世帯ごとの電力消費の違いを表す固定効果である。$\lambda_t$ は，天候等，時刻 $t$ に固有なショックを表す30分間隔の固定効果である。最後に，$\eta_{it}$ は，RCTによってどの説明変数とも相関しない平均0の誤差項である。誤差項には，系列相関があるので，クラスター・ロバスト法を用いた。

表5の推定結果に掲載された数値は，推定値と標準誤差（括弧内）である。推定値に付けられた***，**，*は，それぞれ，1%，5%，10% 統計的有意水準を表す。なお，文意をわかりやすくするために，表5ではピークカット効果を負値で，図ではピークカット効果を正値で表現しているために，符号が反対になっている。説明変数が $D_{it}^{M}$, $D_{it}^{P}$, 被説明変数が $\ln y_{it}$ であるために，片側弾力性は正確に表せば，$\exp(\alpha)-1$，$\exp(\beta)-1$ で表されるが，ここでは近似値として，$\alpha$，$\beta$ をそのまま用いる。

以上から，改めて，推定結果を吟味すると，図4-5から，2012年夏期ピーク時（1pm～4pm）の節電要請に対するピークカット効果は3.1%（1.4%），平均CPPに対するピークカット効果は16.7%（2.1%），CPP＝65円に対して15.1%（2.2%），CPP＝85円に対して16.7%（2.3%），CPP＝105円に対して18.2%（2.4%）である。いずれも高度に統計的に有意である。

表5　第4章主要推定結果（図4-5，4-6）

| | 図4-5 | 図4-6 |
|---|---|---|
| | 夏期<br>(1pm～4pm) | 冬期<br>(6pm～9pm) |
| 節電要請 | −0.031**<br>(0.014) | −0.032<br>(0.020) |
| CPP | −0.167***<br>(0.021) | −0.173***<br>(0.022) |
| P=65 | −0.151***<br>(0.022) | −0.163***<br>(0.024) |
| P=85 | −0.167***<br>(0.023) | −0.164***<br>(0.023) |
| P=105 | −0.182***<br>(0.024) | −0.189***<br>(0.024) |
| 世帯固定効果 | Yes | Yes |
| 時間固定効果 | Yes | Yes |
| 観察値 | 123,106 | 244,891 |

図4-6をみると，2012～13年冬期ピーク時（6pm～9pm）の節電要請に対するピークカット効果は3.2%（2.0%），平均CPPに対するピークカット効果は17.3%（2.2%），CPP=65円に対して16.3%（2.4%），CPP=85円に対して16.4%（2.3%），CPP=105円に対して18.9%（2.4%）である。いずれも高度に統計的に有意である。

次に，(13)式において，$D_{it}^{M}=1$は，世帯$i$が節電要請グループに割り当てられ，かつ，節電要請のイベントが世帯$i$に時刻$t$で発動されたことを表すダミー変数である。$D_{it}^{P}$は，世帯$i$がダイナミック・プライシング・グループに割り当てられ，かつ，ダイナミック・プライシングのイベントが世帯$i$に時刻$t$で発動されたことを表すダミー変数である。2012年夏期のV-CPPのサイクル数($c \in T$)は15回，2012～13年冬期のV-CPPのサイクル数($c \in T$)は21回である。

$$\ln y_{it} = \sum_{c \in T} (\alpha_c \cdot D^M_{itc} + \beta c \cdot D^P_{itc}) + \theta_i + \lambda_t + \eta_{it} \tag{13}$$

表6の推定結果に掲載された数値は，推定値と標準誤差（括弧内）である。改めて，推定結果を吟味すると，図4-7から，2012年夏期の節電要請トリートメントについて，第1サイクルでは8.3%のピークカット効果があり，統計的にも有意であったが，第2サイクル以降，ピークカット効果は3.3%，0.5%，1.5%，0.3%と急速に減衰し，統計的有意性もなくなった。したがって，節電要請の効果は最初こそ有効であるものの，数回の発動以降，その持続性はなくなることがわかった。他方で，ダイナミック・プライシング・トリートメントについては，第1サイクルでは18.4%

**表6　第4章主要推定結果（図4-7，4-8）**

| | 図4-7 | | 図4-8 | |
|---|---|---|---|---|
| | 夏期（1pm〜4pm） | | 冬期（6pm〜9pm） | |
| | 節電要請 | CPP平均 | 節電要請 | CPP平均 |
| 第1サイクル | −0.083***<br>(0.024) | −0.184***<br>(0.023) | −0.083***<br>(0.030) | −0.185***<br>(0.027) |
| 第2サイクル | −0.033<br>(0.025) | −0.198***<br>(0.027) | −0.023<br>(0.034) | −0.205***<br>(0.035) |
| 第3サイクル | −0.005<br>(0.029) | −0.174***<br>(0.028) | −0.003<br>(0.029) | −0.160***<br>(0.028) |
| 第4サイクル | −0.015<br>(0.028) | −0.154***<br>(0.029) | −0.033<br>(0.029) | −0.161***<br>(0.028) |
| 第5サイクル | −0.003<br>(0.028) | −0.127***<br>(0.031) | −0.011<br>(0.026) | −0.160***<br>(0.028) |
| 第6サイクル | | | −0.030<br>(0.016) | −0.170***<br>(0.029) |
| 第7サイクル | | | −0.011<br>(0.031) | −0.168***<br>(0.031) |
| 世帯固定効果 | Yes | Yes | Yes | Yes |
| 時間固定効果 | Yes | Yes | Yes | Yes |
| 観察値 | 123,106 | 123,106 | 244,891 | 244,891 |

のピークカット効果があり，統計的に有意である。興味深いことに，第2サイクルにおいて，一度，19.8% までピークカット効果が上がり，第3サイクル以降，17.4%，15.4%，12.7% と若干の効果の低下はみられたものの，終始一貫して，統計的に有意なピークカット効果がみられた。

図4-8から，2012～13年冬期の効果の持続性も見てみよう。2012～13年冬期のデマンド・レスポンスは7サイクル繰り返した。節電要請トリートメントについて，第1サイクルでは，夏期と同じ8.3% のピークカット効果があり，統計的にも有意であったが，第2サイクル以降，夏期同様，ピークカット効果は2.3%，0.3%，3.3%，1.1%，3.0%，1.1% と急速に減衰し，統計的有意性もなくなった。他方で，ダイナミック・プライシング・トリートメントについては，第1サイクルでは18.5% のピークカット効果があり，統計的有意である。第2サイクルにおいて，夏期同様，一度，20.5% までピークカット効果が上がり，第3サイクル以降では，16.0%，16.1%，16.0%，17.0%，16.8% とおおむね安定していて，統計的に有意なピークカット効果がみられた。

# 第５章：現状維持の克服——横浜市の実験

## 1　統計量バランス・チェック

本節では，第5章のランダム化のバランス・チェックを行う。横浜市の実験では，コントロール・グループが697世帯，オプトイン・グループが486世帯，シャドービル・グループが468世帯，キャッシュ・インセンティブ・グループが502世帯である。グループの割り当ては，ランダム化を用いているので，主要な世帯属性は，4つのグループ間で均等になるはずである。さらに，横浜市で，参加意思を示さなかった世帯の中から，ランダムに3500世帯を選び，事前アンケート調査を実施した。

表7は，主要な世帯属性のグループ間のバランス・チェックである。世帯属性は，実験開始前のアンケート調査によって情報収集された。世帯属性として用いられたのは，

- 電力消費量（kWh/日）
- 世帯所得（10万円）

表7　第5章統計量

| | 実験協 | | | |
|---|---|---|---|---|
| | オプトイン | | シャドービル | |
| | 平均 | 標準偏差 | 平均 | 標準偏差 |
| 電力消費量（kWh/日） | 13.04 | 5.71 | 13.09 | 5.58 |
| 世帯所得（10万円） | 768.31 | 340.11 | 768.18 | 343.46 |
| 専有面積（$m^2$） | 107.64 | 30.49 | 111.44 | 31.09 |
| エアコン数 | 3.24 | 1.37 | 3.17 | 1.33 |
| 建物築年数 | 14.58 | 11.31 | 15.59 | 11.68 |

- 専有面積（$m^2$）
- エアコン数
- 建物築年数

等の変数である。実験協力世帯の4グループ間で，平均値と標準偏差を用いて，差の検定を行ったところ，すべての属性において，統計的に非有意であった。つまり，これはグループのランダム化が成功しており，実験協力世帯の4グループ間で，セルフセレクション・バイアスが発生しないことを表す。

また，実験協力世帯のコントロール・グループと実験に参加していない一般世帯の間で，平均値と標準偏差を用いて，差の検定を行ったところ，世帯所得以外の属性については，統計的に有意に差があった。外的妥当性の観点からみると，実験協力世帯は，①電力消費量が高い。②専有面積はやや低い。③エアコン数はやや少ない。④建物築年数は新しい，等の特徴がうかがわれる。しかし，著しいといえるほどの外的妥当性の偏りがあるわけでもなさそうである。

バランス・チェック

| 力世帯 | | | | 一般世帯 | |
|---|---|---|---|---|---|
| シャドービル+インセンティブ | | コントロール | | | |
| 平均 | 標準偏差 | 平均 | 標準偏差 | 平均 | 標準偏差 |
| 13.02 | 5.71 | 13.11 | 5.56 | 12.28 | 6.31 |
| 755.97 | 334.23 | 759.72 | 330.78 | 731.49 | 435.46 |
| 107.51 | 30.64 | 106.36 | 29.99 | 110.73 | 45.95 |
| 3.10 | 1.34 | 3.06 | 1.39 | 3.33 | 1.48 |
| 15.14 | 11.39 | 14.02 | 11.41 | 16.44 | 9.08 |

## 2　主要な推定結果（TOT 効果）

本節では，第5章の主要な推定結果を解説する。$y_{it}$ を世帯 $i$ の時刻 $t$ における30分間隔の電力消費量とする。ネット・トリートメント効果を表す TOT 効果の推定式を(14)式のように与える。

$$\ln y_{it} = \alpha_1 \cdot D_{1it} + \alpha_2 \cdot D_{2it} + \alpha_3 \cdot D_{3it} + \theta_i + \lambda_t + \eta_{it} \quad (14)$$

(14)式において，$D_{1it}=1$ は，世帯 $i$ がオプトイン・グループに割り当てられ，ダイナミック・プライシングにオプトインし，かつ，デマンド・レスポンスが世帯 $i$ に時刻 $t$ で発動されたことを表すダミー変数である。$D_{2it}=1$ は，世帯 $i$ がシャドービル・グループに割り当てられ，ダイナミック・プライシングにオプトインし，かつ，デマンド・レスポンスが世帯 $i$ に時刻 $t$ で発動されたことを表すダミー変数である。$D_{3it}=1$ は，世帯 $i$ がシャドービル＋キャッシュ・インセンティブ・グループに割り当てられ，ダイナミック・プライシングにオプトインし，かつ，デマンド・レスポンスが世帯 $i$ に時刻 $t$ で発動されたことを表すダミー変数である。$\theta_i$ は，世帯ごとの電力消費の違いを表す固定効果である。$\lambda_t$ は，天候等，時刻 $t$ に固有なショックを表す30分間隔の固定効果である。最後に，$\eta_{it}$ は，RCT によってどの説明変数とも相関しない平均0の誤差項である。誤差項には，系列相関があるので，クラスター・ロバスト法を用いた。

推定には，説明変数 $D_{1it}$，$D_{2it}$，$D_{3it}$ に対する操作変数（Instrumental Variable; IV）である $Z_1$，$Z_2$，$Z_3$ を用いて2段階で行う。$Z_1$，$Z_2$，$Z_3$ は，3つのトリートメント・グループの割り当てを表すダミー変数である。グループの割り当てはランダムに行われたので，IV は誤差項 $\eta_{it}$ と相関しない条件が満たされる。

表8の推定結果に掲載された数値は，推定値と標準誤差（括弧内）である。推定値に付けられた***，**，*は，それぞれ，1%，5%，10% 統計的有意水準を表す。なお，文意をわかりやすくするために，表8ではピークカット効果を負値で，図ではピークカット効果を正値で表現している

表8　第5章主要推定結果（図5-8，図5-9）

| | 図5-8 | 図5-9 |
|---|---|---|
| | TOT効果 | ITT効果 |
| | CPP+TOU | |
| オプトイン | −0.220***<br>(0.058) | −0.037***<br>(0.010) |
| シャドービル | −0.090***<br>(0.031) | −0.029***<br>(0.010) |
| シャドービル+インセンティブ | −0.132***<br>(0.020) | −0.066***<br>(0.010) |
| 世帯固定効果 | Yes | Yes |
| 時間固定効果 | Yes | Yes |
| 観察値 | 841,180 | 841,180 |

（注）Ito, Ida, and Tanaka (2016) から CPP＋TOU 分析結果を抜粋。
CPP，TOU の分析結果は同論文を参照のこと。

ために，符号が反対になっている。被説明変数が $\ln y_{it}$ であるために，片側弾力性は正確に表せば，$\exp(\alpha_i - 1)$で表されるが，ここでは近似値として，$\alpha_i$ をそのまま用いる。

以上から，表8の図5-8のとおり，CPP＋TOU を通じた夏期の TOT 効果を見てみよう。第1に，オプトインした実験協力世帯の TOT 効果は22.0%（5.8%）である。第2に，シャドービルを提示したグループでは，オプトインした実験協力世帯の TOT 効果は9.0%（3.1%）である。第3に，シャドービルに加えて，キャッシュ・インセンティブを与えたグループでは，オプトインした実験協力世帯の TOT 効果は13.2%（2.0%）である。いずれも高度に統計的に有意である（CPP，TOU の TOT 効果は Ito, Ida, and Tanaka (2016) を参照）。

### 3　主要な推定結果（ITT効果）

本節では，第5章の主要な推定結果を解説する。ITT 効果の推定式を以下のように定義する。$y_{it}$ を世帯 $i$ の時刻 $t$ における30分間隔の電力消費量とする。トータル・トリートメント効果を表すITT効果の推定式を(15)式のように与える。

$$\ln y_{it} = \beta_1 \cdot Z_{1it} + \beta_2 \cdot Z_{2it} + \beta_3 \cdot Z_{3it} + \theta_i + \lambda_t + \eta_{it} \quad (15)$$

(15)式において，$Z_{1it}=1$は，世帯$i$がオプトイン・グループに割り当てられ，かつ，デマンド・レスポンスが世帯$i$に時刻$t$で発動されたことを表すダミー変数である。$Z_{2it}=1$は，世帯$i$がシャドービル・グループに割り当てられ，かつ，デマンド・レスポンスが世帯$i$に時刻$t$で発動されたことを表すダミー変数である。$Z_{3it}=1$は，世帯$i$がシャドービル＋キャッシュ・インセンティブ・グループに割り当てられ，かつ，ダイナミック・プライシングのイベントが世帯$i$に時刻$t$で発動されたことを表すダミー変数である。その他の変数の定義は，TOT効果の分析と同じである。

以上から，表8の図5-9のとおり，CPP＋TOUを通じた夏期のITT効果を見てみよう。第1に，オプトイン勧誘だけのグループのITT効果は3.7%（1.0%）である。第2に，シャドービルを提示したグループのITT効果は2.9%（1.0%）である。第3に，シャドービルに加えて，キャッシュ・インセンティブを与えたグループのITT効果は6.6%（1.0%）である。いずれも高度に統計的に有意である。CPP，TOUのITT効果はIto, Ida, and Tanaka (2016) を参照。

# 第6章：デマンド・レスポンスの社会的効果と実装

## 1　フレームワーク・モデル

本節では，第6章の社会厚生効果分析の基本となるフレームワーク・モデルを解説する。まず，トリートメントを受けないとき，消費者は，電力価格 $P$ に対して，電力を $\bar{x}$ だけ消費する。この $\bar{x}$ をBAU（Business as Usual）電力消費量と名づける。その消費者が節電要請トリートメントを受けたとき，電力消費量を $\bar{x}$ から $x$ へ減らす。このとき，節電量を $g=\bar{x}-x$ として表す。節電金額は $P_g$ で表し，他の財の消費金額 $y$ を用いて，$Y=y+P_g$ とする。所得を $I$ として，所得制約式を $Y=I-P_x$ と書くこともできる。

効用関数を3つの項の加算で表す。第1項は $u(x)$ として，電力消費量からの効用とする。それは，増加凹関数（$u'>0$ & $u''<0$）とする。第2項は $v(I-P_x)$ として，その他の財の消費からの効用とする。それは，増加弱凹関数（$v'>0$ & $v''\leqq 0$）とする。第3項は $\phi(g;\theta)$ として，節電から得るウォーム・グロウとする。それは，増加弱凹関数（$\phi_g=\partial\phi\partial g>0$ & $\phi_{gg}=\partial^2\phi/\partial g^2\leqq 0$）とする。パラメータ $\theta$ は介入の頻度を表す。節電の効用と限界効用はパラメータ $\theta$ に関して減少する（$\phi_\theta=\partial\phi/\partial\theta<0$ & $\phi_{g\theta}=\partial^2\phi\partial\theta\partial_g<0$）と仮定する。

BAU電力消費量は，$\bar{x}=\arg\max\{u(x)+v(I-P_x)\}$ として表せる。ダイナミック・プライシング・トリートメントを受ける消費者は，価格に関して，最適化条件 $u'-Pv'=0$ を満たす。他方で，節電要請トリートメントを受ける消費者は，次のような効用最大化問題に直面する。

$$\max_{x,g}\ u(x)+v(I-P_x)+\phi(g;\theta)\quad \text{s.t. } g=\bar{x}-x \tag{16}$$

この(16)式の解を $x^*$ とすると，$x^*$ は $u'-Pv'-\phi_g=0$ を満たす。ここ

で，簡単な計算から，(17)式を得る。

$$g^*_\theta = \bar{x}_\theta - x^*_\theta = -x^*_\theta = -\frac{\phi_{g\theta}}{u'' + P^2 v'' + \phi_{gg}} < 0 \tag{17}$$

BAU 電力消費量は節電要請から影響を受けないので（$\bar{x}_\theta = 0$），最適電力消費量 $x^*$ は，(17)式より，介入の頻度を表すパラメータ $\theta$ に関して，増加関数（$x^*_\theta > 0$）となる。つまり，介入の頻度が増すほど，節電時の電力消費量を増やす。つまり，節電量を減らす。

## 2　社会厚生効果の分析

本節では，第 6 章の社会厚生効果分析の結果を解説する。ここで，電力需要の推定式を，$\ln x = a + \alpha D + \varepsilon \ln P$ とおく。$D$ は節電要請ダミー，$P$ は電力価格，$\varepsilon$ は価格弾力性である。上式から，逆需要関数 $P(x) = [x/(\exp(a) \cdot \exp(\alpha D))]^{1/\varepsilon}$ を得る。BAU 電力消費量を，$\bar{x} = \exp(a) \cdot 25^{\varepsilon}$ とする。ダイナミック・プライシング・トリートメントを受けて，$P = 65$ のとき，$x_e = \exp(a) \cdot 65^{\varepsilon}$ とする。厚生の増加は，区間［$x_e$, $\bar{x}$］における限界費用 $c$ と逆需要曲線 $P(x)$ の間の領域，$\int_{x_e}^{\bar{x}} (c - P(x))\,dx$ で与えられる。

節電要請トリートメントを受けて，電力消費量は $x^* = \exp(a) \cdot \exp(\alpha) \cdot 25^{\varepsilon}$ で与えられる。このとき，厚生の増加は，$\int_{x^*}^{\bar{x}} (c - P(x))\,dx$ で与えられる。加えて，節電のウォーム・グロウを加味する必要がある。逆需要関数は $P(x) = [x/(\exp(a) \cdot \exp(\alpha D))]^{1/\varepsilon}$ で与えられ，ウォーム・グロウは $\int_{x^*}^{\bar{x}} ([x/\exp(a)]^{1/\varepsilon} - [x/(\exp(a) \cdot \exp(\alpha))]^{1/\varepsilon})\,dx$ で与えられる。

以上の考え方に基づいて，表 9 に掲載されたように，日本全国の 2012 年夏期社会厚生効果を計算した。表 9 の推定結果に掲載された数値は，推定値と標準誤差（括弧内）である。推定値に付けられた***，**，*は，それぞれ，1%，5%，10% 統計的有意水準を表す。

CPP＝65 円としよう。最初の第 1 サイクルの 3 日間のデマンド・レスポンスを考える。節電要請の社会厚生効果は 15.02 億円（4.62 億円）（ウォーム・グロウの効用含む），ダイナミック・プライシングの社会厚生効果は

表9　第6章主要推定結果（図6-3）

| | $P$=65 | | $P$=85 | | $P$=105 | |
|---|---|---|---|---|---|---|
| | 夏期3日間 | 夏期15日間 | 夏期3日間 | 夏期15日間 | 夏期3日間 | 夏期15日間 |
| 節電要請 | 15.02***<br>(4.62) | 27.32**<br>(12.38) | 22.11***<br>(6.69) | 40.65**<br>(18.29) | 29.10***<br>(8.70) | 53.89**<br>(24.12) |
| ダイナミック・プライシング | 16.84***<br>(1.99) | 76.55***<br>(9.04) | 26.15***<br>(3.08) | 118.88***<br>(14.03) | 35.78***<br>(4.21) | 162.65***<br>(19.18) |

16.84億円（1.99億円）である。最初の3日間だけならば，ウォーム・グロウの効用も加味すれば，節電要請の効果はそれなりに大きく，ダイナミック・プライシングの効果と大差ない。しかし，夏期15日間ならば，両者の効果の差は大きい。節電要請の社会厚生効果は27.32億円（12.38億円），ダイナミック・プライシングの社会厚生効果は76.55億円（9.04億円）である。

参考文献

Gerber, Alan S. and Donald P. Green (2012) *Field Experiments: Design, Analysis, and Interpretation*, W. W. Norton.

Ito, Koichiro, Takanori Ida, and Makoto Tanaka (2016) "Information Frictions, Inertia, and Selection on Elasticity: A Field Experiment on Electricity Tariff Choice," presented at the 39th Annual NBER Summer Institute, Environmental & Energy Economics, Cambridge, Massachusetts, USA, July 26, 2016.

# 索　引

## ● アルファベット


ADR　→自動デマンド・レスポンス
AI　→人工知能
ATE　→平均トリートメント効果
BEMS（Building Energy Management System）　7
CBS　→消費者行動研究
CEMS（Community Energy Management System）　7
CPP　→クリティカル・ピーク・プライシング
CPR　→クリティカル・ピーク・リベート
DSM　→デマンド・サイド・マネジメント
EBP　→エビデンスに基づいた政策
FEMS（Factory Energy Management System）　7
HEMS（Home Energy Management System）　7, 21, 111, 146, 178
ICT　→情報通信技術
IoT　→モノのインターネット
IPP（独立系発電事業者）　155
ITT（Intention to Treat）効果　49, 121, 136, 186
IV　→操作変数
IV 法　→操作変数法
JEPX　→日本卸電力取引所
J-PAL　→アブドゥル・ラティフ・ジャミール貧困アクションラボ
OCCTO　→電力広域的運営推進機関
OpenADR　170
PPS　→新電力
PROGRESA　39
RAND 研究所　35
RCT（無作為比較対照法，ランダム化比較試験，無作為比較試験）　27, 52
RDD　→不連続回帰法
RED（Randomized Encouragement Designs）　70
RTP　→リアルタイム・プライシング
SGIG　→スマートグリッド・インベストメント・グラント・プログラム
TOT（Treatment on the Treated）効果　49, 121, 134, 186
TOU 料金　→時間帯別料金
V-CPP　65
With/Without　40
WTP　→支払意思額


## ● あ　行


アグリゲーター　168
アブドゥル・ラティフ・ジャミール貧困アクションラボ（J-PAL）　39
アーリーアダプター　149
アーリーマジョリティ　149
アンシラリー・サービス　172
イノベーション　149
イノベーター　149
因果関係　27
ウィリアムソン，O.　19
ウォーム・グロウ　90, 152
エナノック　168
エネット　157
エネルギー管理システム　169
エビデンスに基づいた政策（EBP）　31, 150, 176
オート・デマンド・レスポンス（ADR）　169, 172
オプトアウト方式　118, 140

オプトイン型フィールド実験　45, 47, 133
オプトイン方式　118
オフピーク　16
卸電力市場　167

## ● か 行

外的妥当性　42, 45, 53
外的動機　51, 90, 106
開発経済学　38
価格弾力性　74, 113
課金方式　22
片側非承諾　48, 121, 185
加入率と TOT 効果のトレードオフ　121
カーネマン, D.　50, 176
擬似実験　37
技術実証　146
キャッシュ・インセンティブ　124, 164
強制型フィールド実験　45
緊急ピーク　21
クラウディング・アウト　90
クリティカル・ピーク・プライシング（CPP）　21, 157
クリティカル・ピーク・リベート（CPR）　22, 68, 158, 168
グリーン・ニューディール政策　13
経験則　→ヒューリスティクス
経済人　50, 179
係　留　51
計量経済学　36
限界費用　17
限界便益　16
研究開発　146
顕示選好データ　176
現状維持バイアス　51, 118, 139
限定合理的　50
構造推定　39, 41, 54
構造的な利得者／損失者　126
行動経済学　50, 179
小売電気事業　160
固定価格買い取り制度　66
固定均一価格　18
固定効果　191, 196, 201
コントロール・グループ　27, 30

## ● さ 行

再生可能エネルギー　10, 173
サイトセレクション・バイアス　71
差の差　47
時間帯別料金（TOU 料金）　20
閾　値　87
事業ライセンス制　157
自己選抜バイアス　→セルフセレクション・バイアス
次世代エネルギー・社会システム協議会　66
次世代エネルギー・社会システム実証事業　13, 62
自然型フィールド実験　43
自然実験　37, 41
実験経済学　177
実証経済学　177
実証研究　33
自動デマンド・レスポンス（ADR）　23
死の谷　148
支払意思額（WTP）　17
社会厚生効果　150, 206
　長期の——　154
社会実験　35
社会実証　148, 178
社会実装　149, 174
社会的行動　90
シャドービル　124, 164
習慣形成　93, 110
　——化　107

収入中立性　44, 74, 125
周波数制御　172
出版バイアス　33
馴　化　105
条件付現金給付政策　39
条件付ピークカット効果　134
常時バックアップ　163
承諾者　48, 186
消費者行動研究（CBS）　70, 72, 120, 188
情報通信技術（ICT）　4
情報提供効果　93
情報摩擦　52, 130, 164
自律分散型エネルギー・マネジメント　174
人工型フィールド実験　42
人工知能（AI）　171
新電力（PPS；特定規模電気事業者）　155, 157
心理的慣性　130
スイッチング・コスト　52, 87, 130
スマート化技術　178
スマートグリッド　5, 6
　──の経済学　12
スマートグリッド・インベストメント・グラント・プログラム（SGIG）　69, 120, 188
スマートメーター　7, 20, 102, 111, 146, 154
スミス，V.　176
節　電　167
　──のスピルオーバー効果　101
節電要請　23, 51, 92, 102, 105
　──の社会厚生効果　152
セルフセレクション・バイアス（自己選抜バイアス）　28, 36, 184
潜在的結果　182
想起しやすさ　51
操作変数（IV）　36, 202
　──法（IV 法）　36, 41
送配電事業者　172
送配電部門の法的分離　157
損失回避性　22, 133

●た　行

ダイナミック・プライシング　15, 19, 44, 62, 74, 158
　──の社会厚生効果　152
代表性　50
太陽光発電　127
タウンゼンド，R.　38
脱馴化　107
長期エネルギー需給見通し　10, 62
ディートン，A.　53
デシ，E. L.　91
デフォルト　49, 140
デマンド・サイド・マネジメント（DSM）　14
デマンド・レスポンス　11, 23, 62, 67, 160, 162, 166, 169
　──の社会厚生効果　151, 154
　──の社会実装化　158, 164
　非金銭的な──　23
デュフロ，E.　39
電力危機　67, 170
電力広域的運営推進機関（OCCTO）　156
電力小売全面自由化　20, 156, 159
電力自由化　155
電力需要　9
道義的勧告　96
特定規模電気事業者　→新電力
独立系発電事業者　→ IPP
トータル・トリートメント効果　121, 136
トリートメント・グループ　27
トリートメント効果　28
　──の持続効果　111

取引費用　19

● な 行

内生性の問題　38, 40
内的妥当性　36, 53
内的動機　51, 90, 105
ナッジ　91
二段階最小二乗法　37
日本卸電力取引所（JEPX）　156, 160
ニューハウス，J.　35
ニュルンベルク綱領　43
ネガワット　167
ネット・トリートメント効果　121
ネット・ピークカット効果　134

● は 行

バイアス　50
排除可能性　184
発送電分離　14, 157
バナジー，A.　39
速水佑次郎　38
ハーロウ，H. F.　91
比較摩擦　130
東日本大震災　15, 62, 103, 156
非干渉性　184
ピーク　16
ピークカット効果　78, 81, 85, 99, 134
ピークシフト効果　81
ピークロード・プライシング　19
非受容者　186
ビッグデータ　5, 174, 179
必要サンプル数　32
ビフォー／アフター　26, 40
ヒューリスティクス（経験則）　50
ビルプロテクション　140
ビンスワンガー，H.　38
フィッシャー，R.　34
フィールド実験　27, 29, 33, 40, 50, 147
　──経済学　177
フェーズイン型 RCT　30
負荷追従性　10
負の消費　167
フレームワーク・モデル　205
不連続回帰法（RDD）　37
プロシューマー　9, 127
平均トリートメント効果（ATE）　78, 182
平均の差　46, 183
ホーソン効果　42, 45

● ま 行

マッチング法　41
ミクロ計量経済学　38
無作為比較対照法（無作為比較試験）
　→ RCT
モノのインターネット（IoT）　4, 179

● や・ら・わ 行

予備力　172
ラガード　149
ラボ実験　29, 40
ラ・ロンデ，R.　36
ランダム化　28, 34, 40, 52
ランダム化比較試験　→ RCT
リアリズム　40
リアルタイム・プライシング（RTP）　21, 67
リサーチ・クエスチョン　31
リスト，J.　40, 147
リベート方式　22
両側非承諾　48, 185
レイトマジョリティ　149
レヴィ，S.　39
ロジャース，E. M.　149
ロス，H.　35
枠組み型フィールド実験　42

スマートグリッド・エコノミクス――フィールド実験・
行動経済学・ビッグデータが拓くエビデンス政策

*Smart Grid Economics: The Evidence-based Policy Created through Field Experiments, Behavioral Economics, and Big Data*

2017 年 5 月 25 日　初版第 1 刷発行

著　者　依田高典（いだ たかのり）
　　　　田中　誠（たなか まこと）
　　　　伊藤公一朗（いとう こういちろう）

発行者　江草貞治

発行所　株式会社 有斐閣

郵便番号 101-0051
東京都千代田区神田神保町 2-17
電話 (03) 3264-1315〔編集〕
(03) 3265-6811〔営業〕
http://www.yuhikaku.co.jp/

印刷・大日本法令印刷株式会社／製本・牧製本印刷株式会社


ISBN 978-4-641-16505-2